W0262110

Die Herstellung

der

Dampfkessel

von

M. Gerbel,

Behördlich autorisierter Inspektor der Dampfkesseluntersuchungs-
und Versicherungs-Gesellschaft a. G. in Wien.

Mit 60 in den Text gedruckten Figuren.

Springer-Verlag Berlin Heidelberg GmbH 1907

ISBN 978-3-662-32385-4   ISBN 978-3-662-33212-2 (eBook)
DOI 10.1007/978-3-662-33212-2

Vorwort.

Bei Anschaffung von Kesseln legt man der Frage nach dem passendsten Kesselsystem die ihr mit Recht zukommende große Bedeutung bei, da man in der richtigen Wahl des Systems eine Hauptbedingung ökonomischen und sicheren Betriebes erkennt. Ebenso wichtig ist aber die gediegene und fachmännisch gute Herstellung der Kessel. Dieser Frage wird im allgemeinen die Bedeutung, die ihr zukommt, nicht zuerkannt und doch kann der Vorteil der noch so sorgfältig getroffenen Wahl des Systems durch mangelhafte Ausführung der Herstellungsarbeiten teilweise zunichte gemacht werden.

Es ist also für den Kesselbenützer und insbesondere den Kesselbesteller von großem Wert nach der Entscheidung über das für ihn vorteilhafte System des Kessels dafür zu sorgen, daß auch die Anarbeitung eine erstklassige ist; es ist aber dann auch für ihn notwendig zu wissen, wie ein guter Kessel gearbeitet sein soll, muß er ja doch schon die verschiedenen in den Schlußbriefen mehr oder weniger ausführlich angedeuteten Anarbeitungsmethoden von einander unterscheiden und diesbezüglich die Wahl treffen können.

Dem Fabrikanten, Industriellen und Betriebsbeamten in dieser Hinsicht an die Hand zu gehen, ist der Zweck dieser Schrift; sie enthält die Beschreibung der wesentlichen in das Fach des Kesselbaues einschlägigen Arbeiten, sowie der dazu verwendeten Maschinen und Vorrichtungen.

Neben diesen Arbeiten und vielleicht allen an Bedeutung voran, ist aber die Frage nach dem verwendeten Material ausschlaggebend. Die Prozesse in der Hütte und im Walzwerk verdienen mindestens die gleiche Berücksichtigung wie die

Herstellung des Kessels selbst in der Kesselfabrik. Sie werden, da sie auch die ersten in der Erzeugungsgeschichte eines Kessels sind, an erster Stelle besprochen.

Die Herstellungsarbeiten an einem Kessel kann man in zwei Gruppen teilen: die einen sind dem speziellen Kesselsystem eigen, die anderen sind ganz allgemein und kommen bei Kesseln aller Systeme vor. In die erste Gruppe gehören z. B. die Stehbolzenarbeiten, das Ausfräsen der konischen Rohrlöcher u. dergl. m.; in die zweite Gruppe etwa das Lochen, Nieten, Verstemmen. Diese allgemeinen Arbeiten werden in dieser Schrift ganz besonders berücksichtigt; die anderen Spezialarbeiten aber mit Angabe des Systems, dem sie im speziellen zukommen, kurz berührt.

Der Verfasser hat sich möglichst populärer Darstellungsweise und bündiger Kürze beflissen. Wenn er hie und da, insbesondere dort, wo er auf die allerneuesten Errungenschaften der technischen Wissenschaften zu sprechen kam, über die knapp gesteckten Grenzen hinaus auch etwas mehr abseits liegendes Gebiet in Betrachtung zog — hieher gehören z. B. die auf die Mikrostruktur des Eisens bezughabenden Bemerkungen — so glaubt er, daß das Schöne und Interessante an diesen Ergebnissen der neueren Forschung und die Bedeutung, welche ihnen mit der Zeit für die Praxis zukommen wird, diese Abweichungen entschuldigen und daß der Leser ganz gerne einen erklommenen Aussichtspunkt dazu benützen wird, den Blick über die weite, zum Teil klare zum Teil noch in Nebel gehüllte Gegend schweifen zu lassen, ehe er seinen Weg fortsetzt, umsomehr als weder der Zusammenhang noch die Klarheit des einzelnen darunter zu leiden hat.

Wien, im März 1907.

Der Verfasser.

Inhaltsverzeichnis.

1. Die Erzeugung des Dampfkesselmaterials.

Im Dampfkesselbau wird hauptsächlich Schmiedeeisen verwendet, Gußeisen ist von der Verwendung zu Kesselteilen fast ganz ausgeschlossen. Von den beiden Arten des Schmiedeeisens, Schweißeisen und Flußeisen, ist ersteres das ältere, früher ausschließlich neben Kupfer verwendete Wandungsmaterial, letzteres aber hat in neuerer Zeit das Schweißeisen fast vollkommen verdrängt; nur als Nietenmaterial wird es heute noch gern verwendet.

Schweißeisen wird in teigigem Zustande aus dem Roheisen durch den sogenannten Herdfrisch- oder Puddelprozeß gewonnen. Bei diesem Prozesse wird der Überschuß an Kohlenstoff, ferner aber auch der größte Teil der Beimengungen von Mangan, Silizium, Phosphor und Schwefel aus dem Roheisen durch Oxydation entfernt. Diese Oxydation geschieht in der Regel durch den Sauerstoff der Luft im Flammofen beim Puddeln; nur in wenigen Fällen wird zur Oxydation der in Eisenoxyderzen vorhandene Sauerstoff zu Hilfe genommen.

Wenn trotz der geringen Verwendung, die dem Schweißeisen heute zuteil wird und die ein weiteres Eingehen auf die Erzeugung desselben entbehrlich macht, seine Verwendbarkeit kurz besprochen werden soll, so muß wohl gesagt werden, daß es sich im allgemeinen zu den im Dampfkesselbau vorkommenden Arbeiten gut eignet und mancher aus Schweißeisen hergestellte alte Kessel den Anforderungen heute noch so entspricht, daß es in vielen Fällen schwer fällt, die durch den Sinn des Gesetzes gewünschte und wegen der Unverläßlichkeit und Unberechenbarkeit der Einflüsse des Alters wohlbegründete Kassierung oder Druckerniedrigung alter Kessel durch tatsächlich konstatierbare Defekte dem Laien in die Augen springend zu begründen. Ganz besonders geeignet und nur durch das beste Siemens-Martinflußeisen ersetzbar ist aber das Schweißeisen für Bördelungen und Krempungen, welche in der Kesselschmiede vorgenommen werden und bei welchen eine Erwärmung einzelner Teile eines Bleches auf Hellrotglut zum Zwecke der genauen Anpassung notwendig ist. Diese Operation, die partienweise Erwärmung, erheischt bei Flußeisen, wenn auch besonders gutes verwendet wird, ein sorgfältiges Ausglühen nach der Bearbeitung.

Ein ausgesprochener Nachteil des Schweißeisens, der mit seiner Herstellung unabänderlich zusammenhängt, ist das Vorkommen von Schlackenteilchen und das Auftreten von unganzen und schlecht zusammengeschweißten Stellen in demselben. Unter dem Hammer, unter dem die Luppen, die aus dem Puddelofen kommen, bearbeitet werden, damit die darin enthaltene Schlacke ausfließe, geht diese Schlackenauspressung nicht vollkommen vor sich. Die zurückgebliebenen Schlackenstückchen verursachen beim Auswalzen zu Blechen teils oberflächliche Unebenheiten, bei deren Wahrnehmung die betreffenden Bleche wenigstens nachträglich ausgeschieden werden können, teils aber auch innere Spaltungen und sonst äußerlich nicht erkennbare Fehler, welche zeitweise durch Abklopfen des Bleches bei Beobachtung des hellen oder dumpfen Klanges konstatierbar sind, oft aber ganz verborgen bleiben, bis dieser Defekt einmal durch die einseitige Erwärmung des Bleches zu weitergehender Spaltung und zu einer Blase Veranlassung gibt.

Bei Flußeisen sind solche Schlackeneinschlüsse ziemlich ausgeschlossen, denn dieses wird im vollkommen flüssigen Zustande gewonnen. Je nach dem zu seiner Herstellung verwendeten Prozesse wird es als Bessemer-, Thomas- oder Martinflußeisen bezeichnet. Diese Materialien mußten sich erst Schritt für Schritt das Ansehen der vielen Freunde des Schweißeisens unter den Fachmännern erkämpfen und das ihnen von allen Seiten entgegengebrachte Mißtrauen besiegen. So war bis vor kurzem nach den Grundsätzen für die Prüfung von Schweiß- und Flußeisen zum Bau von Dampfkesseln (Würzburger Normen, 1902) nur basisches Martinflußeisen zulässig, die neueste Auflage (1905) dieser in Deutschland allgemein als Grundlage dienenden und sonst von den Fachleuten anerkannten Normen hat auch schon dem Thomaseisen die Verwendbarkeit als

Kesselmaterial zugeschrieben. Das Bessemereisen ist aber hiezu ausgeschlossen. Bekanntlich besteht zwischen dem Bessemer- und Thomasprozesse nur der Unterschied, daß die Bessemerbirne, welche in beiden Fällen verwendet wird, beim Thomasprozesse mit basischem, beim reinen Bessemerprozesse mit sauerem Futter ausgekleidet ist, was den Phosphorgehalt des Produktes verschieden beeinflußt, da er bei saurem Futter unverändert bleibt, bei basischem Futter aber auf ein Minimum herabsinkt. Der Phosphor ist aber eine äußerst schädliche Beimengung des Eisens, und da in Mitteleuropa nur wenig phosphorfreies Roheisen erzeugt werden kann, ist es von Wichtigkeit, nur solche Prozesse zu verwenden, welche für die Beseitigung des Phosphors die nötige Gewähr bieten. Dies ist der Grund, weshalb von beiden Erzeugungsweisen in der Bessemerbirne bloß die, bei welcher die Auskleidung basisch ist, für Kesselmaterial verwendet wird.

Der bei weitem wichtigste unter allen Prozessen ist der Martinprozeß, er wird zur Erzeugung von Flußeisen für Kesselbleche am meisten verwendet[1]) und soll daher hier eingehend besprochen werden.

Diesem Prozesse liegt der Gedanke zugrunde, durch Mischung von Roheisen mit Schmiedeeisen in flüssigem Zustande ein Produkt von mittlerem Kohlenstoffgehalte zu schaffen. Man muß sich hiebei das Roheisen gleichsam als Lösungsmittel für das Schmiedeeisen vorstellen. Das Gemisch wird zunächst einen Kohlenstoffgehalt zwischen dem des Roheisens und Schmiedeeisens, also einen zu hohen Kohlenstoffgehalt haben, der durch Oxydation mittels Luft passend verringert werden muß. Dies geht aber nicht so, wie der Erfinder Martin sich das ursprünglich dachte. Martin glaubte nämlich dadurch, daß er den Prozeß in einem gewissen Stadium abbricht, gleich Eisen von gewünschtem Kohlenstoffgehalte erreichen zu können. Er irrte sich aber darin; denn der dem beigesetzten Schmiedeeisen anhaftende Rost, der zur Entfernung bezw. Oxy-

---

1) Das einzige Walzwerk in Österreich, in dem in letzter Zeit noch Thomasflußeisen verwalzt wurde, war das Teplitzer Walzwerk der Prager Eisenindustrie-Gesellschaft; es ist kürzlich aufgelassen worden. Auch in Deutschland wird überhaupt fast ausschließlich Martinflußeisenkesselblech erzeugt.

dation der Beimengung des Eisens notwendig ist, oxydiert auch einen Teil des Eisens selbst, hat also neben dem guten Einflusse auch noch einen Nachteil, der nachträglich behoben werden muß; zweitens hat der Erfinder, als er den Prozeß im gewünschten Momente vorteilhaft unterbrechen zu können glaubte, an die Eigenschaft des Phosphors vergessen oder überhaupt noch nicht gewußt, daß der Phosphor erst dann aus dem Eisenbade entfernt werden kann, wenn der Kohlenstoffgehalt ein Minimum geworden ist, selbst wenn der Ofen basisches Futter besitzt und Kalkstein dem Bade zugesetzt war, welche beiden Bedingungen zur Entphosphorung unvermeidlich erfüllt sein müssen. Es ist also hier wie übrigens auch beim Bessemerprozesse nötig, zunächst die vollständige Entkohlung des Eisens zu erzielen und dann mit der Zuführung des Sauerstoffes zum flüssigen Eisenbade erst noch nicht aufzuhören, sondern womöglich unter vergrößerter Luftzufuhr und unter Umrühren des Bades mittels Eisenstangen und eventuell auch durch Zusatz von Eisenoxyden (Erze oder Hammerschlag) zum Zwecke der vollständigen und gründlichen Oxydation des Phosphors weiter zu arbeiten. Neben dem Phosphor oxydiert aber auch noch ein weiterer Teil des Eisens: einerseits muß also noch diese unerwünschte Oxydation rückgängig gemacht, anderseits dem Eisenbade, welches fast gar keinen Kohlenstoff mehr enthält, Kohlenstoff zugeführt werden. Diese beiden Zwecke werden durch Zusatz von Spiegeleisen, Ferromangan oder Ferrosilizium erreicht. Und damit ist der Prozeß beendet.

H. Wedding[1]) sagt beim Vergleiche dieses Prozesses mit dem Bessemerprozesse folgendes:

„Dieser Prozeß hat gegenüber dem Bessemern den großen Vorteil, daß man in dem Flammofen genau den Vorgang beobachten kann. Von Zeit zu Zeit nimmt man mittels einer mit Ton ausgeschmierten eisernen Kelle eine Eisenprobe heraus, gießt sie in eine Form, untersucht und prüft sie. Ist das Eisen gut, so sticht man es als Flußeisen in eine große Gießpfanne ab; ist es dagegen noch sauerstoffhaltig, so desoxydiert man weiter; ist es zu kohlenstoffreich, so setzt man Schrott oder

---

[1]) „Das Eisenhüttenwesen", erläutert in acht Vorträgen von Prof. Dr. H. Wedding, Geh. Bergrat. Leipzig 1904. B. G. Teubner.

Oxyd (Hammerschlag oder Erz) zu; ist es zu kohlenstoffarm, so führt man Kohlenstoff ein, der Regel nach durch Spiegeleisen. Man kann also sehr genau arbeiten und daher ist dieses Produkt wertvoller, als das Bessemerflußeisen."

Bei der verhältnismäßig kurzen Besprechung des Prozesses der Flußeisenherstellung ist es selbstredend nicht möglich, auf die verschiedensten Details einzugehen. Tatsächlich ist der Vorgang ein so komplizierter und von so vielen Faktoren abhängiger, daß er spezielle große Studien erfordert. Insbesondere hängt von den Zusätzen sehr viel ab. Spiegeleisen wendet man in der Regel für härtbares, Ferromangan für nicht härtbares Flußeisen an. Ferrosilizium hat als Zusatz die Eigenschaft, die Blasenbildung zu vermeiden, wird also meist dort verwendet, wo daß Flußeisen nicht erst in Blockform gegossen wird, um dann ausgewalzt zu werden, sondern wo es sogleich in die Form von Gebrauchsgegenständen, wie Zahnräder u. dergl., kommt. Auch Aluminium wird zu dem gleichen Zwecke oft als Zusatz verwendet, indem es in körnigem Zustande in geringer Menge auf das in die Koquillen abgegossene Eisen gestreut wird.

Mit diesen Zusätzen muß aber auch vorsichtig umgegangen werden, denn zu viel ist ebenso schädlich wie zu wenig. Insbesondere ist ein etwaiger Überschuß an Silizium von großem Nachteile.

Der Einfluß der verschiedenen Beimengungen zum Eisen ist sehr übersichtlich in umstehender Tabelle von C. E. Stromeyer zusammengestellt, welche sich in seinem Buche über Marinekessel vorfindet.

Wie bei dem Schweißeisen die eingeschlossenen Schlackenteilchen, so zeigen sich bei dem Flußeisen eingeschlossene Gasblasen, welche aber speziell für Blechmaterial nicht so nachteilig sind wie jene. Erstens läßt sich die übermäßige Bildung von Blasen, welche meist aus Wasserstoff bestehen, durch verschiedene Hilfsmittel vermeiden, indem man z. B. das Eisen unter Druck erstarren läßt, zweitens ist das Vorkommen von Blasen in einem Flußeisenstück, welches ausgewalzt wird, deshalb weniger von Bedeutung, weil die Blasenräume durch das Walzen vollkommen flachgedrückt werden, also den Querschnitt des Bleches nicht stark beeinflussen. Selbstredend müssen sie trotzdem möglichst vermieden werden.

Material-Eigenschaft *)	Kohlenstoff	Silizium	Arsen	Phosphor	Schwefel	Kupfer	Mangan	Nickel	Chrom
Festigkeit	+	+	+	+	0	+	+	—	+
Dehnung	—	—	—	—	0	—	+	+	—
Widerstand gegen Stoß- wirkungen	—	—	—	—	...	...	+	+	+
Biegsamkeit									
— in kaltem Zustande	—	...	—	—	0	...	+	—	—
— dunkelrotwarm . .	...	—	...	0	—	—?	+	+	...
— weißglühend . . .	...	—?	0	—	+	—	+	...	...
— gehärtet	+	—	—	...	...	0	—	—	+
Schweißbarkeit . . .	—	0	...	...	—	0?	0	...	...
Schmelztemperatur . .	—	...	—	—	—	—	...	...	+
Neigung zu Korrodieren	+?	...	...	...	...	—	+	—	...

*) Das Zeichen 0 bedeutet, daß die Eigenschaften unverändert bleiben, das Zeichen +, daß eine Vermehrung, das Zeichen —, daß eine Verminderung der betreffenden Eigenschaft stattfindet. Ein Fragezeichen bedeutet, daß die Meinungen diesbezüglich auseinandergehen, schließlich bedeuten die drei Punkte ..., daß keine Erfahrungen hierüber vorliegen.

Was die Weiterverarbeitung der aus dem Martinofen in Koquillen gegossenen Eisenblöcke betrifft, soll der Vorgang, wie er in einem der größten Blechwalzwerke Österreichs vor sich geht, kurz geschildert werden, insbesondere, insoweit die einzelnen Manipulationen dazu dienen, alles nicht erstklassige Material von der Verwendung zu Kesselblechen auszuschließen. Dort werden zum Auswalzen zu Kesselblechen Blöcke von 4000—5000 kg gegossen; der Martinofen selbst faßt zirka 300000 kg. Die Blöcke werden in einen durch Gase geheizten Ofen (Tiefherdofen) eingesetzt und dort auf Schweißhitze gebracht (erste Hitze). Von dem Ofen kommen diese Blöcke, Ingots, zum Vorblocken auf die Walze und werden auf einen Querschnitt von zirka 800 mm Breite und 75—120 mm Stärke vorgeblockt. Jedes Stück kommt nun zu einer Schere, welche es in einzelne Teile von vorbestimmtem, der Größe der zu walzenden einzelnen Bleche entsprechendem Gewichte zuschneidet. Von Wichtigkeit ist, daß das erste abgeschnittene Stück von etwa 500 mm Länge (Schopf vom Oberteile) und ebenso das letzte Stück in einer Länge von zirka 400 mm (Schopf vom Unterteile) nicht verwendet, sondern in der Regel wieder als Einsatzmaterial für den Ofen benützt wird. Ebenso verarbeitet man das erste Stück vom Oberteile des so verkürzten, „geschopften" Ingots nicht zu Kesselblechen, es werden vielmehr diese ersten Brammen meist zu Reservoirblechen verwalzt.

Erst aus dem übrigen Teile des Ingots werden die Brammen zur Verarbeitung zu Kesselblech geschnitten; sie enthalten, da sie aus dem Kerne des ursprünglichen Blockes herstammen, das beste Material. Diese Brammen werden neuerdings in den Schweißofen eingesetzt (zweite Hitze) und kommen von dem Ofen aus auf die Walzen, welche sie zu Blech verarbeiten. Zunächst wird gebreitet, d. h. so gewalzt, daß die Walzrichtung gleich der Breitenrichtung des fertigen Bleches ist, dann wird das Blech um 90° gedreht und auf die schließliche Dicke fertiggewalzt. Bleche von besonderer Breite werden zweimal gebreitet.

Die Bleche sind an den Rändern immer schwächer als in der Mitte. Das hat seinen Grund in verschiedenen beim Walzprozesse auftretenden Erscheinungen, welche nur andeutungsweise hier berührt werden sollen. Die Walzen, welche an den Enden gelagert sind, werden durch das zwischen ihnen liegende Blech in dem Sinne gebogen, daß sie gegen die Mitte zu weiter auseinanderstehen. Ferner hat das Material zwischen den Walzen an den Seiten auch Platz, um in der Breitenrichtung auszuweichen, während in der Mitte bloß ein begrenztes Nachgeben in der Längsrichtung möglich ist; es wird also das Dünnerwerden am Rande mit größerem Effekte vor sich gehen als in der Mitte. Es hat übrigens die Tatsache, daß die Bleche in der Mitte etwas stärker sind als an den Rändern, keine nennenswerten Nachteile, während es üble Folgen hätte, wenn das Blech beim Walzen gegen den Rand zu stärker würde. Die durch das stärkere Stauchen in der Mitte hervorgerufene Vergrößerung der Längendimensionen bei verhältnismäßig steiferem Rande würde nämlich ein Ausbeulen und Verbiegen der Bleche nach sich ziehen, welches nicht mehr oder sehr schwer zu beheben wäre. Deshalb geht man

allem, was das Blech in der Mitte dünner machen könnte als
am Rande, sorgfältig aus dem Wege. So zum Beispiel verwendet
man nicht-zylindrische Walzen, denn solche würden durch die
ungleichmäßige (in der Mitte stärkere, an den Enden wegen
der größeren Abkühlungsflächen geringere) Erwärmung so aus-
gedehnt werden, daß sie sich gegen die Mitte zu ausbauchten.
Man gibt vielmehr den Walzen von vornherein eine gegen die
Mitte zu eingeschnürte Form, damit sie in heißem Zustande
möglichst zylindrisch werden.

Während des Walzens müssen die Bleche von oberfläch-
lichen Verunreinigungen, die sich bilden (Hammerschlag u. dgl.),
gereinigt werden, da sie sonst in das Blech eingedrückt und
Unebenheiten verursachen würden. Dieses Abzundern geschieht
außer durch Kehren mit Besen durch Abblasen mittels Dampf-
strahlen bei jedem Durchgange des Bleches durch die Walzen
(bei jedem „Stich"). Eine ältere, nicht mindere, wenn auch
kostspieligere Methode ist das Aufwerfen von Reisig auf das
glühende Blech bei jedem Stich. Beim Durchgange durch die
Walzen, wo das trockene Reisig fest an das glühende Blech
gepreßt wird, verbrennt nämlich das Reisig explosionsartig
und reißt dabei alle auf dem Bleche vorhandenen Unreinig-
keiten mit

Wenn das Blech fertiggewalzt ist, geht es in noch heißem
Zustande durch eine siebenwalzige Richtmaschine, wird dann
durch eine automatische Kippvorrichtung aufgestellt, damit es
auch auf der unteren Seite besichtigt werden kann, und kommt,
wenn anstandslos gut befunden, sogleich zu den Blechscheren,
um zugeschnitten zu werden.

Beim Zuschneiden sollen mindestens je 500 mm vom
oberen und unteren Ende und mindestens 100 mm an den
Seiten fortfallen, weil beim Walzen begreiflicherweise Anfang,
Ende und Seiten des Bleches rissig, gespalten und auch sonst
verletzt werden. Die Schnittflächen sollen einer genauen Be-
sichtigung unterzogen werden, um zu kontrollieren, ob nicht
noch eine durch den Scherenschnitt aufgedeckte und vom
Walzen herrührende Verletzung am Rande vorhanden ist.

Alle diese Arbeiten im Walzwerke, welches mit der Martin-
hütte räumlich verbunden ist, gehen mit außerordentlich großer
Schnelligkeit vor sich. Alles geschieht automatisch, fast gar

kein Personal ist in der riesigen Halle beschäftigt. Hier fließt das flüssige Eisen in die Pfanne, diese bewegt sich fort und füllt die Koquillen mit der glühenden und sprühenden Flüssigkeit. Da kommt auch schon ein Kran herangefahren, der die Koquillen hebt und wendet, und schon hängen auch große eiserne Zangen aus der Luft herunter, die die Blöcke aus den Koquillen in den Tiefherdofen setzen, wobei sich — auch automatisch — ein Hitze ausstrahlender, glühender Schlund öffnet. Von hier werden die glühenden Blöcke vor die Walzen gehoben, dort auf die Walzen geworfen und schon drehen sie sich, den Block hin und her bewegend und durch das Walzwerk zerrend, daß es sprüht und knallt, bis er sich in die gewünschte Form gepreßt und gedehnt hat. Und wieder kommen Haken und Klammern von oben herunter, legen den Block auf die Schere, wo er in kleine Teile geschnitten wird. Dann fährt leise und schnell eine eiserne Hand heran, faßt jeden dieser kleinen Teilblöcke mit Sicherheit und führt ihn in den Schweißofen, von wo sie ihn dann nach Bedarf hell weißglühend herausholt, auf die Walzen legt, wo er wieder unter Funkensprühen und Knattern und Zischen aus seiner Würfelform in die gewünschte Blechform gebracht wird. Auf der Flucht parallel hintereinanderliegender und sich drehender Walzen bewegt sich das Blech zur Richtmaschine, dann zur Kippvorrichtung und zur Schere. Von dort wird es durch riesige Magnete, die aus der Höhe heruntergelassen und auf das Blech aufgelegt werden, gehoben und direkt auf den Eisenbahnwagen verladen oder zur Übernahme für den Übernahms-Ingenieur bereitgelegt.

2. Die Untersuchung und Übernahme des Dampfkesselmaterials.

Mit der Erzeugung der Bleche geht die Prüfung des Materiales Hand in Hand. Schon während des Prozesses im Flammofen wird von Zeit zu Zeit eine Probe entnommen, um die Wirkung der gemachten Zusätze zu untersuchen. Mehrere 2—3 kg schwere Stücke werden zu Stäben ausgehämmert und gebrochen, um aus dem Aussehen der Bruchfläche zu beurteilen, ob das Material fertig ist. Beim Abstiche selbst wird immer ein Block von zirka 5 kg Gewicht mitgegossen, aus welchem Probestäbe zurechtgeschmiedet werden. Es werden damit folgende Proben gemacht: Eine Zerreißprobe an einem runden Stabe, eine Bruchprobe am eingekerbten Stabe, eine Härteprobe durch Biegen eines hellrotwarm gehärteten Stabes, schließlich eine Schweiß- und eine Hörndelprobe. Ferner wird vom ersten herabgewalzten Bleche einer jeden Charge eine Zerreißprobe, eine Kaltbiegeprobe und eine Ätzprobe gemacht.

Bei der geschilderten Herstellung der Bleche, welche fast ganz unter Ausschluß von Menschenkraft vor sich geht, und bei der die maschinelle Erzeugung charakterisierenden Gleichförmigkeit des Produktes ist man auf den ersten Blick hin vielleicht geneigt, diese sogenannten Hausproben, welche die Walzwerke vornehmen, als genügend und für tadelloses Material vollkommene Gewähr bietend anzusehen. Man muß aber bedenken, daß diese Probe über eine ganze Charge, also über ein ganz bedeutendes Quantum Eisen entscheiden, daß ferner durch allerlei Zufälligkeiten trotz der in erster Linie auf Gleichförmigkeit hinzielenden Fabrikationsmethode Unregelmäßigkeiten in einzelnen Teilen der großen Eisenmasse vor sich gehen können, so zwar, daß die Hausproben tadellos ausfallen und doch einzelne von den herausgewalzten Stücken nicht ganz entsprechen. Es darf nicht außer acht gelassen werden, daß das Eisen nach dem Abstiche aus dem Ofen, als die ersten und für das Eisenwerk maßgebenden Proben vorgenommen wurden, noch zahlreiche Veränderungen durchmacht; so werden einmal die ganzen Ingots, dann die daraus geschnittenen Brammen zur Weiterverarbeitung erhitzt, wobei die Verschiedenheit der Temperaturen und allerlei teils unvermeidliche, teils zufällig auftretende Begleiterscheinungen auf die Eigenschaften des Walzproduktes von großem Einflusse sein können,

Hierdurch soll keineswegs der Gewissenhaftigkeit der Walzwerke nahegetreten werden; im Gegenteile, durch langes und eifriges Studium, unter Berücksichtigung der zahlreichen Erfahrungen hat sich ein gewisser Schlüssel zur Beurteilung des Materiales in den Hütten und Walzwerken herausgebildet, der mit einer für das Eisenwerk vollkommen hinreichenden Genauigkeit über die Güte des Produktes entscheidet, und die vorgenommenen Proben liefern erfahrungsgemäß ein getreues allgemeines Bild über die Haupteigenschaften der ganzen Charge. Ein anderer Vorgang wäre ja bei der ausgebildeten Massenproduktion kaum denkbar und es erheischt schon diese Erprobung allein eine wohlbeschäftigte Versuchsanstalt, sowie ein kleines chemisches Laboratorium. Nichtsdestoweniger ist dieser Art der Materialbeurteilung bloß der Charakter sogenannter Stichproben zuzuschreiben; eine absolute Gewähr können diese Hausproben nicht bieten.

Für den Kesselbau genügt ein solches allgemeines Bild von den Eigenschaften einer ganzen Gruppe von Blechen, wie es durch die Hausproben erreicht werden kann, nicht; für den Kesselbauer muß jedes Walzstück für sich als ein separates Problem aufgefaßt werden; er muß sich von den Eigenschaften jedes Bleches ein klares Bild machen können und danach über Verwendbarkeit oder Unbrauchbarkeit zu diesem oder jenem Teile des Kessels entscheiden. Es kann daher nicht genug auf die Wichtigkeit einer speziellen Übernahme der Kesselbleche hingewiesen werden. Leider wird die Bedeutung dieser Blechübernahmen für Stabilkessel in Österreich noch weit unterschätzt. In Deutschland wird die Abnahme der Bleche ganz allgemein verlangt, dort ist sie teilweise sogar gesetzlich vorgeschrieben. Ein sehr großer Wert wird bei allen Bahnverwaltungen, Seebehörden und Schiffsreedern auf die gute Qualität der Bleche gelegt. Es wird wohl kein Stück Blech zum Bau oder zur Reperatur eines Lokomotiv- oder Schiffskessels verwendet, welches sich nicht bei der Prüfung den meist bis ins kleinste Detail sorgfältig ausgearbeiteten Normalien oder Übernahmsbestimmungen entsprechend erwies.

Eine spezielle Übernahme von Kesselblechen kann aber nur dann ihren großen Wert behalten, wenn sie auch sachgemäß und fachmännisch durchgeführt wird. Der Übernahmsingenieur muß seine Aufgabe sinngemäß darin erblicken, daß er sich über die Qualität der Bleche klar wird und, einerseits im Bewußtsein der großen Verantwortlichkeit dem Kesselbenützer oder -Erbauer gegenüber, anderseits aber auch in dem Bestreben, dem Walzwerke bloß so viel Schwierigkeiten zu machen, als unumstößlich notwendig sind, über die Brauchbarkeit jedes Bleches entscheidet. Die Anforderungen, die an die Bleche zu stellen sind, ergeben sich zum Teile aus den Berechnungen, die der Konstruktion zugrunde liegen, dann aus den Erfahrungen betreffs jener Materialeigenschaften, welche nicht direkt in der Berechnung ihren Ausdruck finden. Daß alle diese Anforderungen, wie sie dem modernen Stande des Kesselbaues entsprechen, in den sogenannten „Normen" zusammengestellt sind, hat in erster Linie den Zweck, dem Interessenten einen großen Schatz von Erfahrungen zur Verfügung zu stellen und ihm Anleitungen zu geben, was von einem guten Materiale billigerweise verlangt werden kann, sie sollen ihn aber nicht aller Unbequemlichkeiten spezieller Erwägungen für den vorliegenden Fall entbinden.

Auch die in diesen Normen angegebenen „Arten der Proben" sind Fingerzeige, wie man sich von der Erfüllung der Übernahmsbedingungen überzeugen kann, aber nicht Grundsätze, deren kopflose Einhaltung nach dem Wortlaute jedwedes weitere Nachdenken entbehrlich macht. Viele der Bestimmungen in den Normen sind in weiten Grenzen gehalten, wobei der obere und der untere Grenzwert nicht gleichwertig sind, so daß z. B. das Überschreiten der einen Grenze noch nicht die Bedeutung der bloßen Annäherung an die andere Grenze hat. Man sieht, daß die gerechte Beurteilung einen gewissen fachmännischen Blick erheischt, ohne welchen auch die präzisesten Normen, die dem Übernahmsingenieur für jeden Eventualfall Verhaltungsmaßregeln vorschreiben, ihre Bedeutung verlieren. In Anbetracht dessen erscheint es wohl vorteilhaft, den Übernahmsingenieur mit wenigen Vorschriften auszustatten, um ihm für die individuellen Eindrücke, die er durch die Untersuchung erhält, möglichst viel Spielraum zu lassen und nicht, wie es verschiedene Bahn- und sonstige Behörden gern machen, in möglichst langen und weitschweifigen, aus komplizierten Studien herauskristallisierten, den praktischen Zwecken aber wenig entsprechenden Bedingnisheften die Anforderungen mit fast unerreichbarer Strenge zu präzisieren und die Erprobungsweise bis ins kleinste Detail vorzuschreiben.

Was zunächst die Stärke der Bleche betrifft, werden Abweichungen hierin in der Regel dadurch zwischen bestimmten

Grenzen gehalten, daß für Überschreitungen der vorgeschriebenen Dicke um mehr als 5% dem Walzwerke keine Bezahlung geleistet wird,[1]) und Unterschreitungen um mehr als 0,4 mm als überhaupt unzulässig erklärt werden. Auch in den Längen- und Breitendimensionen wird meist eine Toleranz von einigen Zentimetern gewährt.

Die weitere Prüfung des Materiales bei der Übernahme erstreckt sich im allgemeinen zunächst auf die Bestimmung seiner Festigkeit und Dehnung durch eine Zerreißprobe, ferner seiner weiteren Eigenschaften durch die Biege-, Härtungs-, Schmiede- und Lochprobe. Nieten werden statt der Schmiedeprobe einer Stauchprobe unterzogen, Röhren werden durch die Aufweitungs-, Bördel-, Härtungs- und Wasserdruckprobe erprobt. Da betreffs der Vornahme der Erprobung bereits auf die ofterwähnten „Normen" hingewiesen wurde, eine ausführlichere Behandlung der Materialübernahme hier ohnedies zu weit führen würde, soll nur auf einige unbedeutend erscheinende, erfahrungsgemäß aber wichtige Details hingewiesen werden.

Zunächst hat das Besichtigen und besonders das Abklopfen der Bleche einen großen Wert. Besonders wichtig ist es, wenn noch die ganzen Walzstücke vorliegen und die herauszuschneidenden Bleche darauf angerissen sind, sich über die Ganzheit des Materiales am Rande dieser vorgezeichneten Stücke durch Abklopfen zu überzeugen. Wie bei der Kesseluntersuchung, so spricht auch bei der Materialübernahme der Klang beim Abklopfen eine viel beredtere Sprache für den Fachmann, als der Laie vermuten kann. Wenn man sich auf diese Weise von zu weitgehenden Spaltungen im Walzstücke überzeugt hat, wird es oft möglich sein, durch Verschiebung der Zeichnung auf dem Walzstücke das Herausschneiden des Bleches aus gesundem Materiale zu ermöglichen. Es ist aus diesem Grunde, wie durch ein Beispiel näher gezeigt werden soll, überhaupt von Vorteil, die Prüfung des Materiales am möglichst unbeschnittenen Walzstücke vorzunehmen.

Die umstehende Tabelle ist ein Auszug aus einem aus-

---

[1]) Die Überschreitungen der Blechdicke werden durch das Gewicht des Bleches pro Quadratmeter gemessen. Eine Flußeisenplatte von 1 qm Größe wiegt pro Millimeter Stärke 7.85 kg.

Zerreißversuchsresultate.   Flußeisenbleche für Zellulosekocher.

Vorgeschriebene Festigkeit 42 kg p. qmm, Dehnung mindestens 23%, Qualitätsziffer mindestens 65.

Bezeichnung des Stabes	Nummer der Charge	Verwendung	Der Probestab wurde entnommen	Kleinste Abmessungen des Probestabes					Größte erreichte Belastung	Festigkeit an der Bruchgrenze Z	Längendehnung $L = 100 \cdot \dfrac{l_1 - l_0}{l_0}$	Summe von Festigkeit und Dehnung $Z + L$	Anmerkung
				vor dem Versuche				nach dem Versuche					
				Durchmesser		Querschnitt f_0	Markenentfernung l_0	Markenentfernung l_1					
				Dicke	Breite								
				mm		qmm	mm	mm	kg	kg p. qmm	%	$Z + L$	
1	4583	Zylinderblech des Kochermantels	Quer	24·5	13·7	335·6	200	239	14900	44·4	19·5	63·9	Mehrfache Anrisse
2	4583	Zylinderblech des Kochermantels	Längs	24·6	13·7	337·0	200	254	14800	43·9	27·0	70·9	
3	4583	Zylinderblech des Kochermantels	Quer	25·3	12·2	308.7	200	251	14100	45·7	25·5	71·2	
8	4814	Ogivalblech des Kochermantels	Längs	24·3	12·3	298·9	200	253	13200	44·1	26·5	70·9	
8	4814	Ogivalblech des Kochermantels	Quer	24·3	12·8	311·0	200	252	13700	44·0	26·0	70·0	
9	4814	Ogivalblech des Kochermantels	Längs	24·4	12·6	307·4	200	260	14000	45·5	30·0	75·5	
9	4814	Ogivalblech des Kochermantels	Quer	24·4	12·5	305·0	200	258	13400	43·9	29·0	72·9	
1 eo	4583	Zylinderblech des Kochermantels	Quer	25·3	13·0	328·9	200	250	14400	43·8	25·0	68·8	Ersatzprobe für Nr. 1
1 eu	4583	Zylinderblech des Kochermantels	Quer	25·3	12·6	318·8	200	255	13900	43·6	27·5	71·1	Ersatzprobe für Nr. 1

gefüllten Formulare für Zerreißversuchsresultate, wie es in den Eisenwerken bei Übernahmen verwendet wird. Die Bedeutung der einzelnen Rubriken und Kolonnen ist ohne weiteres klar. Man sieht gleich beim ersten Probestabe, daß die verlangte Qualitätsziffer von 65 nicht erreicht ist, weil die Dehnung bloß $19{\cdot}5\,^0/_0$ beträgt. Der Stab zeigte mehrfache Anrisse und außerdem fiel auch die Biegeprobe schlecht aus: bei geringem Biegungswinkel brach der Stab auf. In Fig. 1 ist das unbeschnittene Walzstück mit der Zeichnung des auszuschneidenden Bleches skizziert. Die zu den besagten Proben verwendeten Probestäbe waren der Stelle A entnommen. Aus der Art des Mißlingens der Proben, welche nach dem Zerreißen und Biegen schuppenförmige Struktur zeigten, sowie aus der Tat-

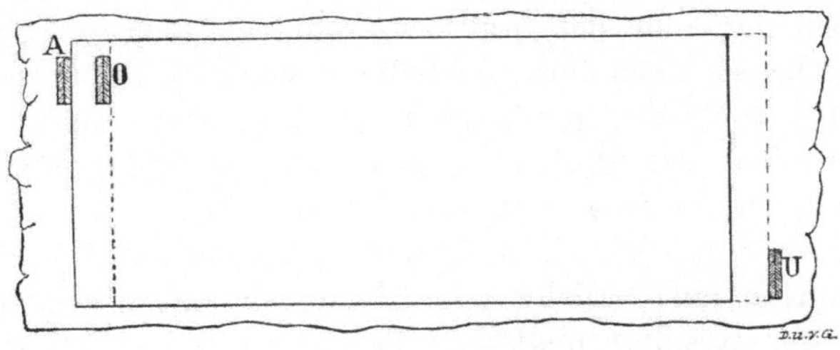

Fig. 1.

sache, daß diese Resultate von den an allen anderen Probestäben der Bleche aus der gleichen Charge erzielten Resultaten so wesentlich verschieden waren, konnte mit ziemlicher Gewißheit angenommen werden, daß das Blech an der Probestelle deshalb nicht gesund war, weil es zu nahe am Rande lag. Eine um zirka 300 mm weiter gegen die Blechmitte (bei O in Fig. 1) entnommene Probe lieferte die unter 1 $e\,o$ in der Tabelle angegebenen guten Resultate und auch die Biegeprobe fiel anstandslos aus. Es wurde das Blech aus der Platte nach der punktierten Zeichnung ausgeschnitten und zur Sicherheit noch eine Probe bei U entnommen. Auch diese fiel gut aus, wie in der Tabelle unter 1 $e\,u$ ersichtlich, und reihte sich ihr Resultat, wie die mit den Probestäben bei O erzielten Resultate, den anderen bei dieser Charge erzielten Werten an. Wenn das Blech, wie es nach der ursprünglich angerissenen Zeichnung vorgesehen war, zur Verwendung gelangt wäre, hätte sich die schlechte Qualität jener Stelle, welche gerade in die Nietnaht fiele, wohl bemerkbar gemacht. Den Kesselblechen haftet ein gewisses Verhängnis an, daß jene Stellen, bei welchen ohnedies für geringere Qualität die meiste Wahrscheinlichkeit vorhanden ist, das sind die Stellen am Rande der Bleche, gerade diejenigen sind, bei welchen die Weiterbearbeitung weitere Verschwächung und eher Fortschreiten der Defekte als ihre Beseitigung mit sich bringt. Darüber, wie weit die allgemeinen Vorschriften genau eingehalten werden müssen und insbesondere wo die Grenzen für die Toleranz gezogen werden können, auf welch letztere in vielen Bedingnisheften große und wortreiche Kapitel sich beziehen, kann bloß das praktische Gefühl und der klare Blick, den eben derjenige hat, welcher sowohl die Weiterverarbeitung der Bleche als auch ihre Herstellung genau kennt, entscheiden.

Aber auch die Bearbeitung der Probestäbe selbst ist für das Ausfallen der Proben von ausschlaggebender Bedeutung. Die Streifen, welche mit der Schere abgeschnitten werden, weisen an ihren Rändern Spannungen und andere Materialverletzungen auf, welche beim Zerreißen und besonders beim Biegen das Resultat ungünstig beeinflussen, wenn diese Zone, auf welche sich der Einfluß des Scherenschnittes erstreckt, nicht sorgfältig entfernt worden ist. Eine Übereilung im Behobeln der Probestäbe, sowie in ihrer weiteren Bearbeitung, welche ein Abrunden der scharfen Kanten bezweckt, ist äußerst schädlich. Zum Zwecke der Zeitersparnis sollte der Übernahmsingenieur fallweise darüber entscheiden können, bis zu welchem Grade er die Vorarbeiten für die Probestabentnahme bei seiner Ankunft im Werke vollendet finden will, die Gediegenheit der Bearbeitung der Probestäbe darf aber durch Drängen und Eilen nicht leiden; das Bild über die Qualität der Bleche wird dadurch getrübt.

Aus der Tabelle der Zerreißresultate (S. 14) geht auch hervor, daß der Unterschied, der zwischen Längs- und Querrichtung immer noch gemacht wird, für Bleche aus Flußeisen fast nicht mehr berechtigt ist. Das kommt daher, daß durch das Breiten beim Walzen die ursprüngliche Längsrichtung zur Querrichtung gemacht und so das Material nach beiden Richtungen gleich gut durchgearbeitet wird. Aber auch bei Laschenblechen, welche als Flacheisen ausgewalzt werden, sind betreffs der Festigkeits-, sowie der anderen Materialeigenschaften in Längs- und Querrichtung selten Unterschiede zu finden. Trotzdem ist die Verwendung von Laschen, die aus Blechtafeln passend ausgeschnitten sind, dem schmal gewalzten Eisen vorzuziehen, weil sich· bei letzterem jedes kleine Bläschen und jeder sonstige Defekt ausschließlich in die Längsrichtung streckt und außerdem die Laschen, weil meist in der Längsnaht der Kessel verwendet, eben in der Längsrichtung am meisten beansprucht sind.

*　　*　　*

Die chemische Untersuchung des Eisens ist keine so einfache Prüfungsmethode, daß sie ohne weiteres bei Übernahmen angewendet werden könnte; sie liefert übrigens auch nicht einen so tiefen Einblick in die Eigenschaften des Materiales, als man erwarten zu dürfen glaubte. Eine große Unterstützung und zweckdienliche Ergänzung erfährt aber die chemische Analyse durch die Ausbildung der mikroskopischen Untersuchung, deren Durchführung allerdings nach ihrem heutigen Stande mit großen Schwierigkeiten verbunden ist, aber doch voraussichtlich ein ersprießliches neues Feld eröffnet.

Wenn man feinpolierte Flächen des Eisens mit Säurelösungen ätzt, kann man an diesen Stellen unter dem Mikroskope die Mikrostruktur des Eisens wahrnehmen und wertvolle Schlüsse daraus ziehen.

Für das freie Auge sind die technischen Eisensorten fast alle homogen, bei genügender Vergrößerung aber lassen sich die verschiedensten Zeichnungen erkennen, welche mit der Verteilung der Bestandteile in der Masse des Eisens zusammenhängen. Prof. Freiherr v. Jüptner sagt darüber in einem Vortrage, ,,Neues vom Eisen'',[1] folgendes:

,,Im schmiedbaren Eisen lassen sich zwei verschiedene Bestandteile unterscheiden. Der eine derselben ist nahezu

---

[1] Gehalten den 7. Dezember 1904 im ,,Verein zur Verbreitung naturwissenschaftlicher Kenntnisse in Wien'', veröffentlicht in den Schriften dieses Vereines im Selbstverlage, Wien 1905.

reines, d. i. kohlenstoffreies Eisen, und weil dieses auf lateinisch
Ferrum heißt, wird er Ferrit genannt. Er bleibt beim Ätzen
mit verdünnten Säuren blank, während der zweite Bestandteil,
der Perlit, eine dunkle Farbe annimmt und Kohlenstoff enthält. Je weniger Kohlenstoff das Eisen enthält, desto mehr
und größere Ferritkörner sind sichtbar, während mit wachsen-
dem Kohlenstoffgehalte auch die Flächen des Perlites wachsen
(Fig. 2 und 3, Vergrößerung 140).

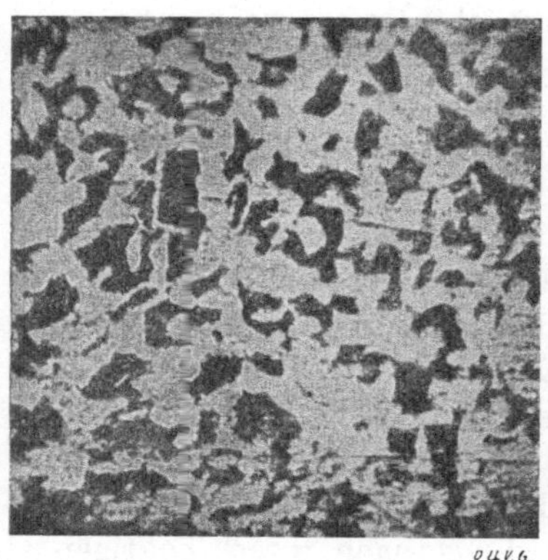

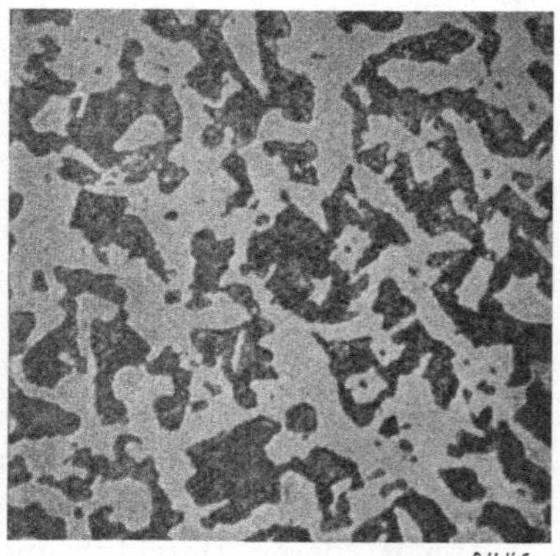

Fig. 2.   Fig. 3.
Schienenstahl, 0·54 % Kohlenstoff.   Schmiedeeisen, 0·3 % Kohlenstoff.

Der zweite Bestandteil, der Perlit, ist selbst kein einfaches
Gefügeelement. Schleift man das Eisen auf einer nachgiebigen
Unterlage, z. B. auf einer Kautschukplatte, so werden die
weicheren Gefügeelemente des Perlites tiefer ausgerieben als
die härteren und man sieht, daß derselbe aus parallelliegenden
abwechselnden Lamellen besteht. Die weicheren, also tiefer
ausgeriebenen Lamellen sind Ferrit, während der andere,
sehr harte Bestandteil — den wir später noch näher kennen
lernen werden — Zementit genannt wurde (Fig. 4, Vergr. 1000).
Ein in der eben geschilderten Weise geschliffener Perlit
zeigt genau das nämliche mikroskopische Gefüge wie das
Perlmutter. Betrachtet man ihn bei schwachen Vergrößerungen,
so gewahrt man daher auch das nämliche, von Beugungs-
erscheinungen des Lichtes herrührende Irisieren, wie bei

diesem, woher eben sein Name rührt. Erst bei sehr starken Vergrößerungen wird der lamellöse Aufbau desselben deutlich sichtbar.

Untersuchen wir nun Stahl, so finden wir in demselben, wenn er weniger als $0.9\,^0/_0$ Kohlenstoff enthält, dieselben Bestandteile wie im schmiedbaren Eisen, nur wächst der Perlitgehalt immer mehr, je mehr sein Kohlenstoffgehalt zunimmt, und bei einem Kohlenstoffgehalte von etwa $9\,^0/_0$ ist der Ferrit völlig verschwunden und der Stahl besteht nur mehr aus Perlit (Fig. 5, Vergr. 1000).

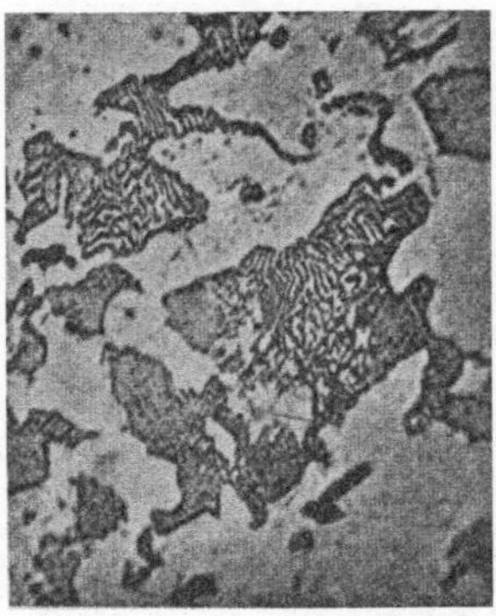

Fig. 4.
Geschmiedetes Eisen,
$0.45\,^0/_0$ Kohlenstoff.

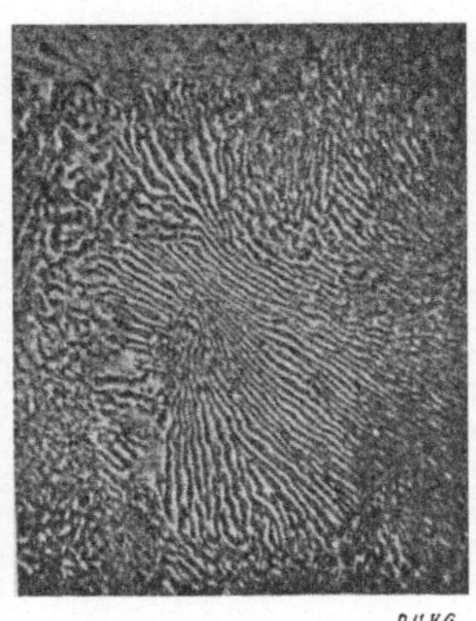

Fig. 5.
Stahl,
$0.9\,^0/_0$ Kohlenstoff.

Steigt der Kohlenstoffgehalt des Stahles noch höher, so tritt neben dem blättrigen Gemenge von Ferrit und Zementit, dem Perlit, noch selbständiger Zementit auf. Es ist dies eine Verbindung von Eisen und Kohlenstoff im Verhältnis 3 Atome Fe auf 1 Atom C, $(Fe_3 C)$, die Eisenkarbid genannt wird (Fig. 6, Vergr. 1000)."

Sehr interessant ist es nun und es wird vielleicht ein großes Gebiet der Untersuchungslehre dadurch neu erschlossen, daß Temperaturänderungen, sowie insbesondere mechanische Einwirkungen Veränderungen dieser Bestandteile hervorrufen. So verwandelt sich der Perlit des Stahles durch das Härten in Martensit (nach Geheimrat Martens in Berlin so benannt).

Dieser Martensit (Fig. 7, Vergr. 1000) besteht aus einzelnen Fäserchen oder Nadeln, die sich unter etwa 60° schneiden, was den Charakter triangelförmiger Struktur hervorruft. Aus dem Vergleiche der beiden Figuren, Fig. 5 und 7, geht der Unterschied zwischen der Mikrostruktur ausgeglühten und gehärteten Stahles deutlich hervor. Durch Ausglühen und langsames Erkalten wird der Martensit wieder in Perlit zurückgeführt.

Außerdem gibt es noch Übergangsstufen zwischen Martensit und Perlit; diese Zwischenbildungen hat man Troostit und

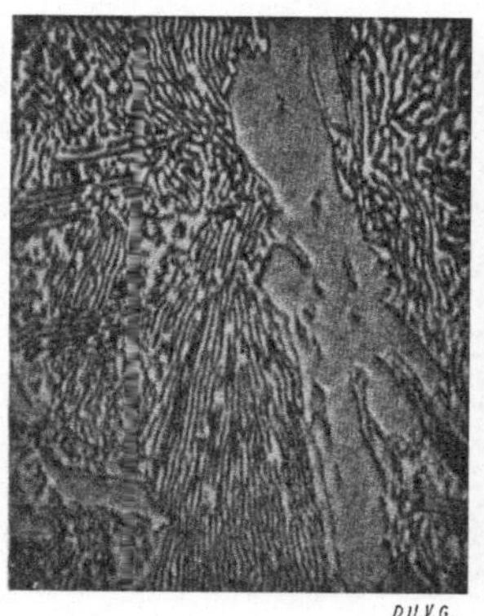

Fig. 6.
Stahl, 1·5 % Kohlenstoff.

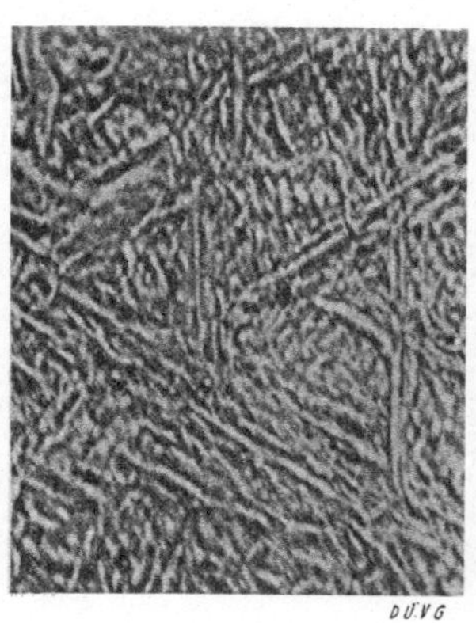

Fig. 7.
Gehärteter Stahl, 0·9 % Kohlenstoff.

Sorbit genannt. Schließlich bildet sich bei sehr rascher Abkühlung sehr heißen Stahles in Eiswasser ein weiteres Formelement, der Austenit.

„Ein ganz eigentümliches Verhalten zeigen sehr kohlenstoffarme sogenannte weiche Eisensorten, die hauptsächlich aus Ferrit bestehen. Dieser Ferrit kristallisiert in Würfeln oder Hexaedern und ist nach drei aufeinander senkrechten Ebenen spaltbar. Die nebeneinander liegenden Ferritkörner sind aber verschieden orientiert, d. h. die Spaltungsrichtungen der benachbarten Ferritkörner liegen im allgemeinen nicht parallel zueinander.

Wird nun ein solches Metall zu dünnen Blechen ausgewalzt, so zeigt sich noch keinerlei Veränderung. Glüht man aber solche Bleche aus, so zeigen sie in Richtungen, die unter 45° gegen die Walzrichtung geneigt sind, eine auffallende Brüchigkeit. Dies rührt daher, daß beim Ausglühen eine Rekristallisation des Ferrits stattfindet, so daß dann alle Ferritkörner eine gleiche Orientierung zeigen. Das Blech bricht dann längs einer Spaltungsebene.

Diese Spaltungsflächen des Ferrits spielen übrigens auch bei den Formveränderungen eine große Rolle, welche das Eisen durch Biegen, Dehnen usw. erleidet (Fig. 8 und 9)."

Fig. 8.   Fig. 9.

Weiches Eisen über die Elastizitätsgrenze hinaus gedehnt.

Hierdurch scheint ein Schlüssel zur Erklärung der Eigenschaften von Eisen, welches über die Elastizitätsgrenze hinaus beansprucht worden ist, gegeben. Auch andere Probleme haben durch diese Untersuchungen Lösungen erfahren, doch stecken diese Spezialstudien noch sehr in den Kinderschuhen. So weittragend die Bedeutung ist, die man ihnen heute schon als Vorgänger einer zukünftigen Untersuchungsmethode zuschreiben muß, werden sie wohl doch nicht die rein mechanische Erprobung verdrängen; diese wird durch die Ausbildung neuer Prüfungsweisen nur vorteilhaft ergänzt.

3. Das Anreißen der Bleche.

In der Kesselschmiede werden nunmehr die Bleche, wenn sie der Bestellung entsprechend befunden wurden, zunächst angerissen. Zu diesem Zwecke werden sie an jenen Stellen, wo sie angezeichnet werden sollen, mit Farbe, Kalklösung oder Kreide weiß gemacht, damit dann mit Bleistift oder Reißnadel die Zeichnung darauf übertragen werden könne. Die Umrisse selbst sind bei Blechen von zylindrischen Kesselschüssen ziemlich einfach zu verzeichnen und bestehen meist bloß aus geraden Linien. Einzelne Kesselteile haben aber in abgewickeltem Zustande ziemlich komplizierte Formen, deren richtige Dimensionierung ohne vorherige Darstellung in mehreren Projektionen selbst dem Konstrukteur schwer fallen müßte. Schon die Form des Mantels eines Verbindungsstutzens oder Domes in abgewickeltem Zustande wird dem Laien nicht ohne weiteres verständlich sein. Abgesehen von dem notwendigen Vorstellungsvermögen und einigen Kenntnissen der darstellenden Geometrie, braucht der Anreißer auch noch viel Übung und Erfahrung; Übung hauptsächlich, um bei den dem Wesen des Anreißens entsprechenden verhältnismäßig primitiven Meß- und Zeichengeräten genügende Genauigkeit und Raschheit im Arbeiten an den Tag legen zu können; Erfahrung unter anderem. um richtig beurteilen zu können, wie weit in jedem einzelnen Falle seine Kunstgriffe und Vereinfachungsmethoden anwendbar sind. So ersetzt man beim Anreißen kreisbogenförmiger Linien von geringer Krümmung (also zu Kreisen mit sehr großem Radius gehörig) oft den Kreisbogen durch eine Biegungslinie, indem man an die beiden Endpunkte und den aus der Pfeilhöhe bestimmten Scheitel des Kreisbogens ein biegsames Lineal anlegt. Dies ist nur dann zulässig, wenn das Verhältnis von Kreisbogenlänge zur Pfeilhöhe ein gewisses Maß nicht überschreitet, denn sonst ist der Unterschied zwischen dem richtig konstruierten Bogen und der Ersatzlinie ein zu großer. Wenn diese Vereinfachung die Genauigkeit zu sehr beeinträchtigen sollte, müssen andere Konstruktionshilfsmittel angewendet werden, um diese übrigens häufig vorkommende Aufgabe zu lösen, insbesondere für den Fall, als der Mittelpunkt des dem Bogen entsprechenden

Kreises nicht erreichbar ist oder die Möglichkeit nicht besteht, dort mit einem Stangenzirkel einzusetzen. In diesem Falle muß der Kreisbogen punktweise bestimmt und so gezeichnet werden.[1])

Außer den Konturen werden auch die Nietnähte meist in ungerolltem Zustande der Bleche angerissen. Die Bestimmung der Art der Nietung, des Nietdurchmessers, der Teilung, der Reihenabstände bei mehrreihiger Nietung, sowie des Abstandes der äußeren Nietreihe vom Rande, erfolgt auf Grund des Bestrebens, in der Nietnaht einen möglichst großen Prozentsatz der Festigkeit des vollen Bleches zu erhalten. Rein technologische Rücksichten beeinflussen diese Dimensionierung weniger als Erwägungen rein konstruktiver Natur. Es haben sich übrigens für die Nietung Normalien herausgebildet, welche den verschiedensten Verhältnissen Rechnung tragen. Die „Dampfkesselnietung" ist in einem Anhange den Hamburger Normen beigefügt; dort sind alle in Frage kommenden Dimensionen aus Formeln und Tabellen ohne weiteres zu entnehmen. Es soll nur betreffs der Art der Nietung darauf hingewiesen werden, daß bei stärkeren Blechen durch die Überlappungsnietung namhafte Biegungsspannungen entstehen können. Bach[2]) weist nach, daß in einzelnen Fällen die durch die Biegungsbeanspruchung vermehrte Zugspannung im Bleche eines Kessels siebenmal so groß sein kann, wie die durch den normalen inneren Druck hervorgerufene Materialspannung. Bei der Laschennietung, insbesondere bei der Doppellaschennietung, ist dieser Übelstand nicht vorhanden.

Die Teilung ist in der für den Anreißer bestimmten Zeichnung gewöhnlich nicht direkt in Millimetern angegeben, sondern durch die Zahl der Nieten, die auf eine bestimmte Länge, z. B. den Umfang des Zylinders o. dgl., entfallen. Es hat daher der Anreißer auf der vorgerissenen Linie der Nietlochreihe zwischen zwei Grenzpunkten in gleichen Abständen Zwischenpunkte einzuzeichnen. Dies geschieht in der Regel mit Hilfe des Zirkels oder eines speziellen Teilapparates, der Nürnberger Schere,

---

[1]) Siehe „Geometrische Konstruktionen für Kesselschmiede und andere Blecharbeiter", bearbeitet von G. Oldenburger. Leipzig 1906.

[2]) C. Bach, Die Maschinenelemente. Stuttgart 1901. S. 159 ff.

welche zur Teilung gerader Linien in beliebig viele gleiche Teile
vorteilhaft verwendet werden kann. Die Fig. 10 zeigt so einen
Apparat und erscheint auch seine Verwendungsweise ohne
weiteres klar, wenn man erwägt, daß durch Auseinanderziehen
oder Zusammendrücken des Apparates die ganze Folge von
Parallelogrammen ganz gleichmäßig geändert wird. Durch die
Kreise sind Gelenke dargestellt, die zentrisch hohl sind. Durch
diese Löcher wird das Nietlochmittel mit dem Körner angezeichnet. Die Nietlochkreise werden dann zunächst mit dem
Zirkel durch Einsetzen in dem Körnerloche angerissen und
eventuell durch einige weitere Körnermarken am Umfange
dieses Kreises fixiert.

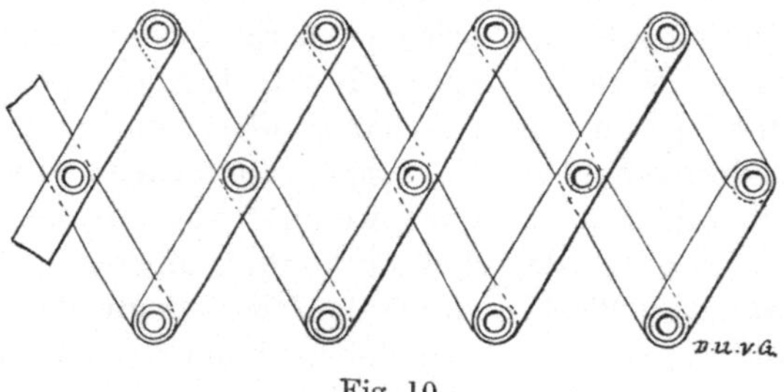

Fig. 10.

Das Anreißen der Nietnähte erheischt große Sorgfalt. Vom
Anreißen hängt die Gleichmäßigkeit der Nietung, die Gleich-
heit der Nietabstände in erster Linie ab. Ein falsch an-
gezeichnetes und daher falsch gebohrtes Nietloch kann große
Unannehmlichkeiten hervorrufen und eine falsch angerissene
Naht ist meist ein nicht gutzumachender, die Ausscheidung
des Bleches nach sich ziehender Fehler. Den Nietnähten,
welche auf krummen, nicht abwickelbaren Flächen liegen, ist
ein besonderes Augenmerk zuzuwenden. Die Nietreihen liegen
hier auf krummen Linien, deren Pfeilhöhe schätzungsweise
auch nicht annähernd beurteilt werden kann. Hier ist also
eine tatkräftige Überwachung des Anreißens schon bei der
Arbeit vorteilhaft, jedenfalls aber eine sorgfältige Kontrolle
seitens des Leiters oder des stellvertretenden verantwortlichen
Beamten notwendig.

Selbstredend muß die Nietung auf jener Seite des Bleches angerissen werden, von welcher aus dann das Bohren der Nietlöcher in den gerollten und zusammengestellten Blechen vor sich geht.

4. Das Beschneiden der Bleche.

Nachdem so die Nietung und auch andere notwendige Zeichnungen auf den Blechen angerissen worden sind, werden die Bleche der Konturzeichnung nach beschnitten. Gewöhnlich sind die abzunehmenden Randstreifen, wenn das Blech genau nach den bestellten Dimensionen geliefert worden ist, nicht mehr als 5—10 mm breit. Dieser Zuschlag von 5—10 mm in den Längen- und Breitendimensionen wird bei der Bestellung gemacht, damit an allen Seiten der Bleche die durch den Scherenschnitt beeinflußte Zone des Materiales entfernt werden könne.

Durch das Schneiden[1]) mit der Schere wird nämlich das Material am Rande verletzt. Wie weit diese Verletzungen in das Fleisch hineinreichen, ist wohl ein strittiger Punkt. Jedenfalls werden verschiedene Eisensorten durch den Scherenschnitt verschieden beeinflußt. Vielfach wird behauptet, daß der Scherenschnitt keinen schlechten Einfluß auf die Randbeschaffenheit guten Materiales ausübt, daß aber ohnehin schlechtes Material durch den Scherenschnitt am Rande brüchig wird. Auch Versuche, welche diesbezüglich vorgenommen wurden, haben verschiedene Resultate ergeben. Die genaue Betrachtung des Vorganges, wie er sich zwischen den Backen

---

[1]) Schneiden mit der Schere ist hier im Sinne des gewöhnlichen Sprachgebrauches zu verstehen. Technologisch ist das Schneiden, wie es etwa mit dem Messer geschieht, etwas ganz anderes, als das Teilen mit der Schere. Oft begegnet man der Auffassung, daß eine Schere als Kombination zweier Messer zu betrachten sei, was technologisch ganz falsch ist. (Siehe Kick, Mechanische Technologie.) Es ist deshalb streng genommen unrichtig, von einem Schneiden mit der Schere zu sprechen. Deshalb spricht z. B. Hermann Fischer in seiner Bearbeitung der mechanischen Technologie von K. Karmarsch immer nur von „Zerlegen mit der Schere". Nach diesen Erklärungen soll aber hier das landläufige „Schneiden mit der Schere" in diesem Sinne weiter benutzt werden.

der Schere in der Eisenplatte abspielt, kann einige Aufklärung
liefern. Das ideale Abscheren wäre in der Weise durchzuführen,
daß beide Blechteile, die voneinander getrennt werden sollen,
jeder für sich zwischen je zwei Backen gefaßt und festgepreßt
würden. Wenn sich diese Backenpaare ganz knapp aneinander
vorbeibewegen, wird das Blech rein abgeschert. In der Blechschere geht aber der Vorgang anders vor sich. Der eine
Blechteil wird, nur oben gestützt, hinuntergedrückt, der andere
wird wieder nur unten entgegengehalten. Die Folge davon ist,
daß der eine Backen das Blech gleichsam um den anderen zu
biegen trachtet. So kommen Biegungsbeanspruchungen mit in
das Spiel, welche die Backen voneinander zu entfernen
bestrebt sind und sogar den Bruch der Backen herbeizuführen
in der Lage sind, wenn diese nachgeben. Diese in dem
Bleche hervorgerufenen Biegungsspannungen gehen, wie man
aus den bleibenden Deformationen oft sogar mit freiem Auge
erkennen kann, weit über die Elastizitätsgrenze und es kann
doch nicht vorausgesetzt werden, daß ein solches lokal ver-
bogenes Materialstück mit gegeneinander verzerrten Fasern die
gleichen Eigenschaften besitzen soll, wie ein beliebiges anderes
Stück in vollem Bleche. Deshalb ist es vollkommen begründet,
daß man auf alle Fälle nach dem Beschneiden mit der Schere
noch mehrere Millimeter auf eine solche Weise entfernt, welche
dafür Gewähr bietet, daß keine weit hineinreichenden Verletzungen des Bleches stattfinden.

5. Die Bearbeitung der Blechränder.

Die Bearbeitung des Randes der Bleche geschieht am
zweckmäßigsten mittels der sogenannten Blechkantenhobelmaschine. Wie es häufig vorkommt, stimmt auch bei dieser
Maschine der gebräuchliche Name nicht mit der richtigen
Definition des Begriffes überein. Als Hobelmaschine bezeichnet
man nämlich in der Metallbearbeitung jene Maschine, bei
welcher das Arbeitsstück an einem stillstehenden Messer vor-
beibewegt wird, im Gegensatze zur Shapingmaschine, bei
welcher das Messer dem stillstehenden Arbeitsstücke entlang
hin und her geht. Die Blechkantenhobelmaschine gehört zu

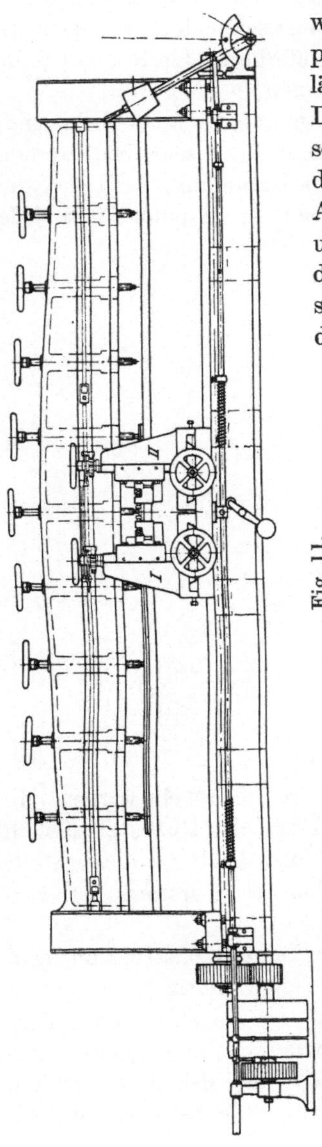

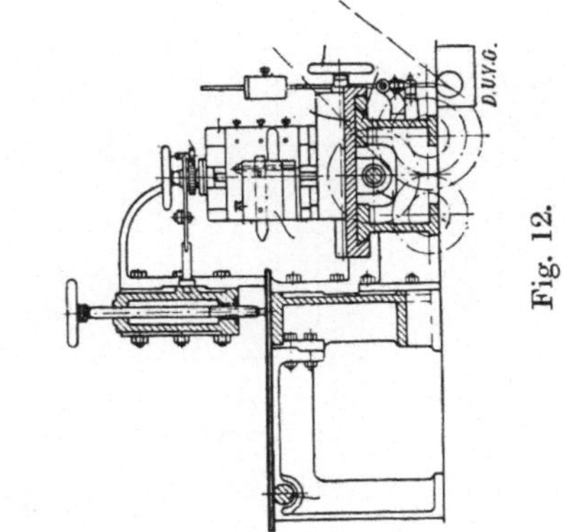

dieser zweiten Kategorie; das Blech wird festgeschraubt, und ein Support mit einem Messer bewegt sich längs der zu hobelnden Blechkante. Die gewöhnlichsten Maschinen dieser Art sind so eingerichtet, daß das Messer bei einem Gange (dem Arbeitsgang) einen Span nimmt und beim Rückgange nicht schneidet. Dieser arbeitslose Rückgang stellt also einen Zeitverlust dar, der dadurch, daß man ihn mit möglichst großer Geschwindigkeit zurücklegen läßt, möglichst klein gemacht werden könnte. Die Geschwindigkeit des Rückganges ist aber begrenzt, da ja zur Vernichtung der lebendigen Kraft der Supportbewegung, dann zur Umsteuerung und zur Hervorbringung der Beschleunigung für die Rückbewegung Zeit notwendig ist.

Deshalb sind solche Maschinen so angeordnet worden, daß auf dem Hin- und dem Rückgange

geschnitten wird. Zu diesem Zwecke sind zwei Messer so angebracht, daß je eines bei jedem Gange schneidet. Fig. 11 u. 12
zeigen so eine Maschine. I und II sind die beiden Supports, die
auf einem gemeinsamen Schlitten sitzen.[1])

Da die Bleche der ganzen Länge nach zu behobeln sind,
müssen die Hobelmaschinen auch sehr lang sein; sie werden
in Längen bis zu 10 m und darüber ausgeführt. Bleche, die
länger sind als die Maschine, müssen umgespannt und jede

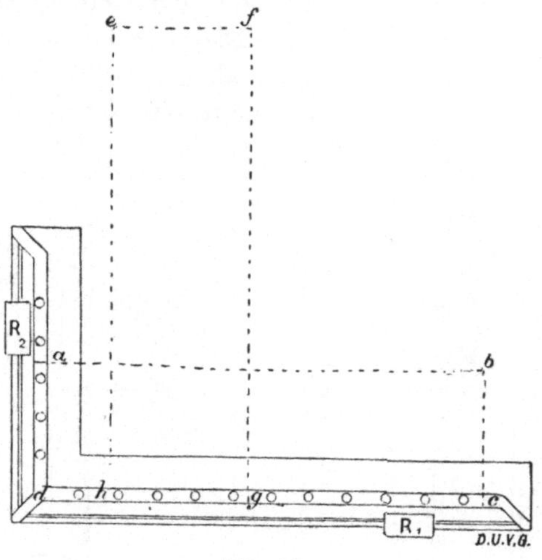

Fig. 13.

Längsseite in zwei oder mehreren Teilen behobelt werden. In
diesem Falle muß das Messer gegen Ende des Hubes allmählich
zurückgezogen werden, oder es muß das Blech an dieser Stelle
vorsichtig vorher eingemeißelt worden sein; ersteres ist vorzuziehen.

Eine noch weiter ausgebildete Spezialkonstruktion sind
Blechkantenhobelmaschinen, welche gleichzeitig zwei recht-
winklig zueinander stehende Seiten des Bleches bearbeiten.
So eine Maschine ist in Fig. 13 schematisch im Grundriß dargestellt. R_1 und R_2 sind die beiden die Messer tragenden,
schlittenförmig angebrachten Supports. Sie bewegen sich so,

---

[1]) Siehe **Fr. W. Hülle**, Die Werkzeugmaschinen. Berlin 1906.
Julius Springer.

daß R_1 das Blech $a\,b\,c\,d$ längs $d\,c$, und R_2 längs $a\,d$ bearbeitet. Außer der Zeitersparnis ist auch eine Platzersparnis mit dieser Arbeitsweise verbunden, denn wenn bloß längs der Richtung $d\,c$ gehobelt werden könnte, müßte das Blech in die Stellung $efgh$ gebracht werden, um es an der Schmalseite zu bearbeiten, und hinter der Maschine müßte der Platz in der ganzen Länge $e\,h$ für die eingespannten Bleche frei sein, was bei der in Rede stehenden Anordnung nicht notwendig ist. Das Einspannen muß aber bei solchen Maschinen mit doppelter Sorgfalt vorgenommen werden.

Die Schnittgeschwindigkeit solcher Maschinen beträgt 3—5 m pro Minute, die Schnittiefe (der Vorschub des Werk-zeuges) bei mittlerer Geschwindigkeit und bei Platten von etwa 25 mm Stärke zirka 0.8 mm, so daß 80—90 kbcm Material pro Minute enfernt werden können. Schnelldrehstähle, welche eine größere Schnittgeschwindigkeit gestatten würden, sind bei Hobelmaschinen, insbesondere wegen des stoßweisen Ansetzens, nicht vorteilhaft anzuwenden.

Die Kanten der Bleche werden aus Rücksichten für das Verstemmen abgeschrägt, indem beim Behobeln Messer mit entsprechend schiefer Schneide verwendet werden.

Böden und andere Kesselteile mit kreisrund verlaufenden Kanten werden abgedreht.

Diese beiden als die besten zu bezeichnenden Bearbeitungs-arten der Blechkanten, das Abhobeln und das Abdrehen, sind aber nicht immer durchzuführen möglich oder oft mit großen Schwierigkeiten verbunden. Letzteres ist zum Beispiel bei der Bearbeitung der Ränder von gepreßten Blechen, etwa Kugel-segmenten u. dgl., der Fall. Ganz unmöglich ist das Hobeln oder Drehen an den Kanten von Ausnehmungen, wie Mannloch- und Domöffnungen. Hier muß man sich auf andere Weise helfen. In erster Linie bietet ein sorgfältiges Abmeißeln Ersatz für das Hobeln; es kann hiebei auch auf das Abschrägen Rücksicht genommen werden, eventuell wird mit der Feile nachgeholfen. Das Abmeißeln muß aber in der Weise geschehen, daß bloß parallel zur Kante Späne genommen werden. Ein Einkerben und nachheriges Abmeißeln ist hier unstatthaft, weil durch das Einkerben zu weitgehende Materialverletzungen platzgreifen können.

Bei dieser Gelegenheit möge darauf hingewiesen werden, daß die Ränder von Mannlöchern, Domöffnungen u. dgl. mit einem Versteifungsringe zu versehen sind, wie es etwa Fig. 14 andeutet.

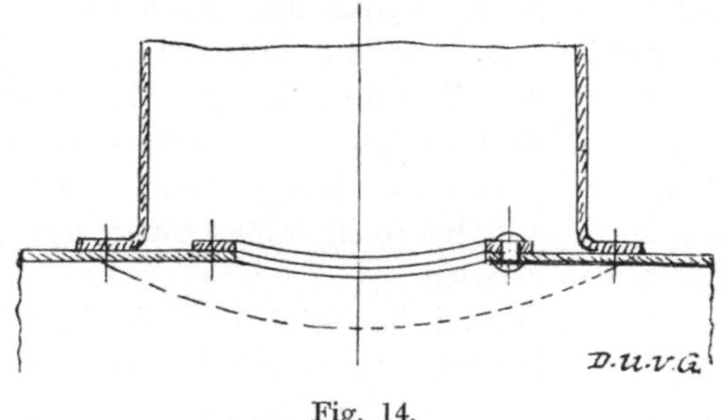

Fig. 14.

Bleche, welche zu Kesseln mit Überlappungsnietung verwendet werden sollen, müssen an ihren Ecken noch zugeschärft werden. Dort, wo zwei Schüsse zusammentreffen, wo sie sich

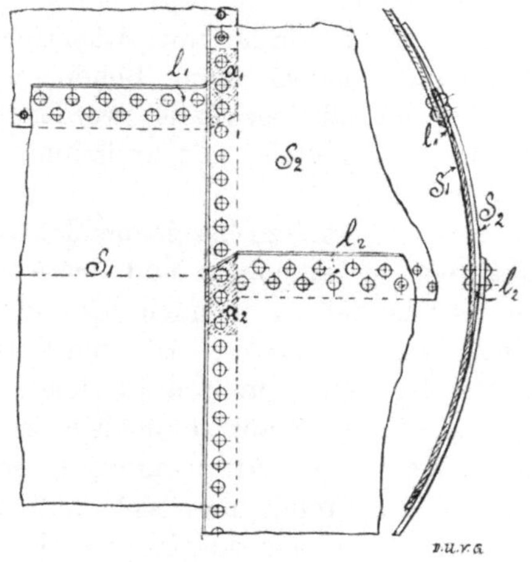

Fig. 15.

also in der Quernaht decken, muß sich der äußere Lappen (l_1 in Fig. 15) des inneren Schusses (S_1) und der innere Lappen (l_2) des äußeren Schusses (S_2) der Kreisform anpassen. Aus der Figur wird dies deutlicher hervorgehen, als es durch Worte zu beschreiben möglich ist. Es müssen also die Ecken a_1 und a_2

keilförmig ausgeschmiedet werden, wie es die Schraffierung in der Draufsicht anzeigt.

Dies geschieht in der Regel durch Bearbeitung der erhitzten Ecken unter dem Dampfhammer oder auch von Hand aus unter Zuhilfenahme des Setzhammers. So bearbeitete Bleche sollten wenigstens in der Umgebung der ausgeschmiedeten Stellen noch ausgeglüht werden. Flußstahlbleche, welche, wie schon erwähnt, durch solches Erhitzen ziemlich stark angegriffen werden können, werden vorteilhaft auf Shapingmaschinen zugespitzt. So eine Zuspitzmaschine zeigt im Prinzip Fig. 16. Der Tisch steht schräg und das Werkzeug bewegt sich horizontal. Auch Fräsmaschinen werden vereinzelt zu dem gleichen Zwecke verwendet. Meist begegnet man aber in Kesselfabriken dem gewöhnlichen Zuschärfen der Platten durch Ausschmieden (Ausziehen). Diese Arbeit wird von geübten Arbeiterpartien mit solcher Vollkommenheit durchgeführt, daß diese primitive Arbeitsweise den Anforderungen vollkommen entspricht, wenn nur durch nachheriges Ausglühen etwaige nachteilige Folgen der Erhitzung des Flußstahles vermieden worden sind.

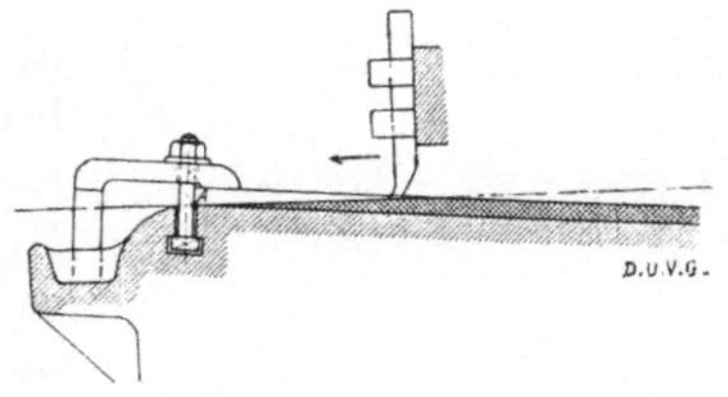

Fig. 16.

Die Breite der ausgezogenen Lappen soll so sein, daß ein möglichst genaues Anschmiegen des einen Schusses an die Kreisform des anderen gesichert erscheint und daß eine genügende Anzahl Nieten dort Platz findet; es müssen, wo eine zweireihige Längsnaht mit einer einreihigen Quernaht zusammenstößt, mindestens drei Nieten in dem ausgezogenen Lappen sitzen. Die Längsnaht des einen Schusses soll nie mit der Längsnaht des anderen in eine Zylindererzeugende zusammenfallen, die Längsnähte sollen vielmehr um einige Nietteilungen gegeneinander verschoben sein, so daß es immer nur Dreiplattenstöße gibt. Vierplattenstöße sind verpönt, weil ihre Ausarbeitung wegen des Zusammentreffens von mehreren ausgezogenen Lappen oder Laschen an einer Stelle Schwierigkeiten macht und es leicht vorkommen kann, daß durch diese Anordnung das Verstemmen stellenweise ganz unmöglich wird.

6. Das Rollen der Bleche.

Nunmehr müssen die Bleche die zylindrische Form erhalten. Sie werden zu diesem Zwecke durch Walzen hindurch-
gezogen, welche so angeordnet sind, daß die Bleche eine kon-
tinuierliche Biegung erfahren. Es sind meist drei Walzen,
zwei untere und eine Oberwalze, zwischen denen sich das
Blech, wie Fig. 17 zeigt, bewegt. In der Regel liegen die unteren
Walzen fix, d. h. sind nicht ver-
schiebbar und drehen sich am Orte
um ihre Achse, die obere Walze
ist aber in senkrechten Schlitzen
beweglich und in jedweder Höhe
fest einstellbar. Durch wiederholtes
Hindurchziehen der Bleche zwischen
den Walzen, von denen meist die
unteren angetrieben werden, unter
stetem Nachziehen der Oberwalze
wird dem Bleche allmählich die gewünschte Krümmung gegeben. Die

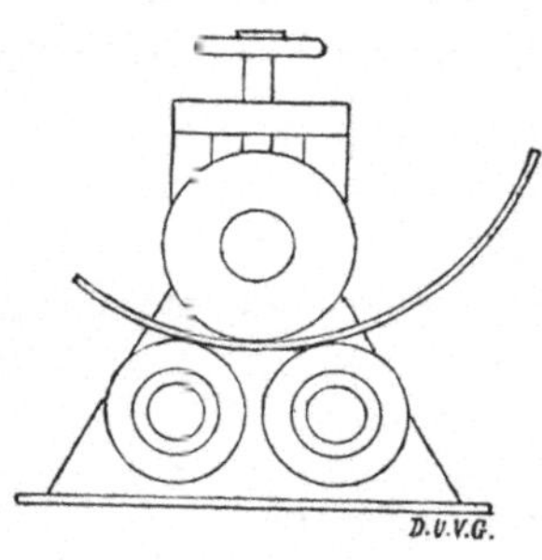

Fig. 17.

Krümmung ist gleichförmig über das ganze Blech verteilt, nur die
beiden Enden, das sind der erste und der letzte Streifen des
Bleches, bleiben ungebogen. Um diese eben verbliebenen Teile
auch zu biegen, sind verschiedene Methoden in Anwendung. Die
primitivste Methode ist wohl das Bearbeiten der Blechenden mit
dem Hammer. Es wird zu diesem Zwecke das örtlich erhitzte
Blech mit der Kante auf eine Unterlage gelegt, schräg gegen
diese gehalten und so hohl daraufgeschlagen. Bei diesem Biegen
der Enden muß auf die Art der Nietung Rücksicht genommen
werden: Laschennietung erfordert, daß das Blech an den Enden
die gleiche Krümmung wie in der Mitte, aufweise, bei Überlappungsnietung aber müssen die Enden des Bleches, welche
eben die Überlappung bilden, eine zweckentsprechende andere
Krümmung erhalten.

Das Biegen der Enden kann auch mittels Pressen vorgenommen werden, wie solche in größeren Kesselschmieden in
Verwendung stehen. Das Blech wird dort in vertikaler Stellung
dem Drucke eines horizontal bewegten Stempels unter Ver-

wendung entsprechend geformter Matrizen ausgesetzt. Der Hauptvorteil dieser Methode ist, daß das Blech zu dieser Operation nicht heiß gemacht zu werden braucht und daß die Formgebung durch ruhigen Druck geschieht. Mit solchen Pressen kann streifenweise auch das Biegen des ganzen Bleches erfolgen; zu diesem Zwecke sind passende Rollen angeordnet, auf denen das Blech in aufrechter Stellung leicht bewegt werden kann.

Das Biegen der Bleche in aufrechter Stellung hat der Verwendung horizontaler Blechbiegemaschinen einen großen Vorteil voraus. Beim Durchtreiben zwischen horizontalen Walzen hängt das Blech, nachdem es schon mehr als Halbkreis-Krümmung erfahren hat, über und biegt sich dann durch sein Eigengewicht von selbst weiter. Die Krümmung verliert so ihre Gleichmäßigkeit und nur durch große Übung kann diesem nachträglich auftretenden Weiterbiegen im voraus dadurch richtig Rechnung getragen werden, daß dem Bleche in der Mitte, wo eben die nachträgliche Biegung am größten ist, von vornherein eine kleinere Krümmung gegeben wird. Man hat übrigens auch vertikale Biegemaschinen mit Walzen gebaut, welche diesem Übelstande, wie die vertikalen Pressen, abhelfen. Das Aufstellen der Bleche zum Rollen erheischt aber Hebevorrichtungen und ist die ganze Manipulation nicht so einfach, wie bei horizontalen Walzen, schließlich bleibt der Übelstand der ungebogenen Enden auch bei diesen Maschinen. Die vollkommenste Methode ist wohl die Anwendung der erwähnten vertikalen hydraulischen Pressen, doch sind eben hiezu Spezialeinrichtungen erforderlich; solche Maschinen arbeiten mit Drücken von 100—200 Atm.

Die Krümmung der Bleche wird durch Schablonen kontrolliert, welche nach dem Durchziehen der einzelnen Platten durch die Blechbiegemaschinen angelegt werden. Diese Schablonen sind aus Holz oder Blech verfertigt und umfassen ein Viertel bis ein Drittel des Kreisumfanges. Es ist nicht leicht, die Biegemaschine durch Drehen der Stellschraube der Oberwalze richtig einzustellen, um die etwa noch fehlende Krümmung zu erzielen, insbesondere, da außer der bleibenden Biegung der Bleche durch die Walzen auch eine vorübergehende elastische Deformation hervorgerufen wird und auch das Durchbiegen durch Eigengewicht berücksichtigt werden muß. Anderseits ist aber ein möglichst genaues Arbeiten beim Rollen erforderlich, sonst ist das nachherige Zusammenpassen mit großen Schwierigkeiten verbunden und es kommen schädliche, bleibende Biegungsspannungen in die Bleche hinein.

7. Das Zusammenpassen der Bleche.

Selbst wenn das Rollen der Bleche und das Biegen der Blechränder mit aller Sorgfalt erfolgte, ist beim Zusammenpassen noch mancherlei Nachrichten nötig.

Um die Bleche zum Aneinanderpassen zusammenheften zu können, werden an einigen der für die Nietlöcher angekörnten Stellen Löcher gebohrt, und zwar etwa in Abständen von 30—50 cm in der Längs und Quernaht. Der Durchmesser der Heftlöcher wird möglichst klein gemacht, jedenfalls um mehrere Millimeter kleiner, als das Nietloch, welches nachher an diese Stelle kommt. Bei der Plazierung der Heftlöcher kommt es auf die Auswahl genau angekörnter Löcher an,

Fig. 18.

denn ein Heftloch, welches mit dem künftigen Nietloch nicht genau zusammenpaßt, bringt große Unannehmlichkeiten mit sich. Die Heftlöcher müssen selbstredend bei überlappter Nietung in beide Lappen gebohrt werden und müssen sich genau decken. In dieser Hinsicht bieten die ersten zu bohrenden Löcher die meiste Schwierigkeit. In die Heftlöcher werden Schrauben eingesetzt und durch diese die Bleche zusammengezogen. Bei Laschennietung der Längsnähte geschieht das Zusammenziehen vorteilhaft durch eine einfache Vorrichtung, die in Fig. 18 skizziert ist. Es werden die beiden Pratzen an passenden Stellen in der Rundnaht zu beiden Seiten der Längsnaht angebracht und durch einen Bolzen mit Gewinde an seinem Ende zusammengezogen.

Beim Zusammenheften der einzelnen Schüsse und beim Ineinanderstecken derselben werden klaffende Spalten bemerkbar sein, zu deren Entfernung oft ein wiederholtes Auseinandernehmen, Nachrichten und Wiederzusammenstellen notwendig wird. Kleine Differenzen lassen sich durch Anziehen der Schrauben in den Heftlöchern beheben, doch darf nicht vergessen werden, daß einer solchen Arbeitsweise das wesentliche Merkmal der Erzeugung einer bleibenden Formveränderung fehlt. Dieses wesentliche Merkmal besteht nämlich darin, daß das zu deformierende Stück durch mechanische äußere Kräfte zunächst über die Form, die man ihm geben will, hinaus deformiert werde, damit die bleibende Deformation das gewünschte Maß habe, nachdem diese Kräfte zu wirken aufgehört haben und die der bleibenen Deformierung zunächst vorausgehende, dann sie begleitende und ergänzende elastische Deformation zurückgegangen ist. Das Zusammenziehen der Bleche durch die Heftschrauben kann eine bleibende Deformation, wie man sie erzielen will, nicht hervorrufen. Die durch das Zusammenziehen hervorgerufene Deformation ist vielmehr größtenteils elastisch, würde also, wenn man die Heftschraube lockert, größtenteils wieder zurückgehen. So eine elastische Deformation bringt aber Biegungsspannungen in das Blech hinein, welche je nach dem Hebelarme, an welchem die durch die Heftschraube hervorgebrachte Kraft wirkt, und je nach der Größe dieser Kraft selbst, also je nach dem Verhältnis von Spaltlänge zur Klaffung, sehr groß werden und die Elastizitätsgrenze, wie es dem Sinne dieser Arbeit entspricht, zwar oft übersteigt, aber doch nicht das gewünschte Resultat ergibt.

Das Zusammenziehen der Bleche mit den Heftschrauben ist also bloß als ein minderer Notbehelf zu bezeichnen, der den Zweck der Anpassungsarbeiten, nämlich das Zusammenpassen der Bleche bei in besagtem Sinne spannungslosem Zustande nur teilweise erreicht und überhaupt nur zur Behebung kleiner Differenzen verwendet werden sollte.

Viel Anpassungsarbeiten erfordern auch die Stellen, wo zwei Nähte aufeinanderstoßen, wo sich also die ausgezogenen Lappen befinden. Dort muß sich der eine Schuß über den

durch die Überlappung entstehenden Vorsprung am anderen
Schusse längs des keilförmig ausgeschmiedeten Blechendes hin-
überziehen (siehe Fig. 15) und an allen Stellen gut und statt
längs der Naht aufliegen. Dazwischenlegen von Keilblechen
aus Eisen oder Kupfer ist ein unerlaubter und zu verwerfender
Behelf, denn ein verläßliches Verstemmen ist dort sehr schwer
oder überhaupt nicht durchführbar, und so ein eingeschobenes
Stück lockert sich während des Betriebes leicht.

8. Das Flanschen, Börteln.

Einzelne Teile des Kessels müssen zur Herstellung ihrer
Verbindung mit anderen Teilen des Kessels einen Flansch
oder Börtel erhalten. Solche Teile sind Dom, Verbindungs-
stutzen, Vorkopf, deren Aufflanschen in der Kesselschmiede
durchgeführt wird; Flammrohre werden, insofern sie Flanschen
erhalten müssen, meist schon mit den Flanschen geliefert.
Auch das Börteln der Böden wird in der Regel nicht in der
Kesselschmiede, sondern in eigenen Preßwerken vorgenommen.

Das Flanschen geschieht, indem der aufzuflanschende Rand
des meist zylindrischen Stückes ganz oder stückweise heißgemacht und zunächst freiliegend, dann über einer Matrize mit
Holzhämmern gehämmert wird. Solche Matrizen sind guß-
eiserne, schwere Blöcke, welche nach der Form, die der Flansch
erhalten soll, ausgearbeitet sind. Wie bei allen Schmiede-
arbeiten, muß auch hier schnell gearbeitet werden, um die
Hitze möglichst auszunützen.

Das Umbiegen soll nicht am Rande bei a in Fig. 19 be-
ginnen, sondern es sollen die ersten Schläge so geführt werden
(bei b, daß das Blech sich nach B in Fig. 19 biegt. Fängt
man mit der Arbeit ganz an der Kante an, so streckt sich
das Material am Rande zu stark. Schon durch das oftmalige
Erwärmen tritt eine Verschwächung des Bleches ein und es
ist wohl von Wichtigkeit, jede überflüssige weitere Verschwächung
möglichst zu vermeiden. Durch das weitere Hämmern bekommt
das Blech allmählich die Formen B, C, D, E, der Fig. 19[1]),

---

[1]) Diese Abbildungen stammen aus dem vortrefflichen Buche:
Marine Boiler Management and Construction, by C. E. Stromeyer,
London, 1901.

und wenn es sich dann abkühlt, entsteht meist, wie unter *F* in Fig. 19 dargestellt ist, eine beulenförmige Verbiegung, welche durch das Zusammenziehen des Flansches hervorgerufen wird. Um diese Ausbauchung zu entfernen, wird diese Stelle zum Schluß unter Verwendung eines entsprechend geformten Setzhammers geradegerichtet (*G* in Fig. 19).

Diese Ausarbeitung des Flansches geht dort, wo keine großen Öfen zum Erwärmen des ganzen Arbeitsstückes vorhanden sind, partienweise vor sich. Es wird immer nur ein

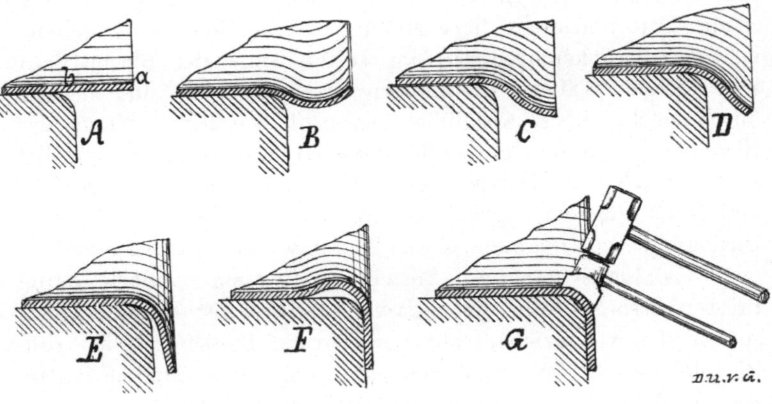

Fig. 19.

Teil des Umfanges erhitzt und umgeflanscht, dann kommt die nebenliegende Partie auf die Glut und so geht es weiter. Bei dieser partienweise vor sich gehenden Arbeit kommen insbesondere durch die Abkühlung Spannungen in das Material, welche in einzelnen Fällen sogar Berstungen, oft aber kleine Risse und Sprünge im Börtel verursachen.[1]) Die noch heißen Partien des eben bearbeiteten Blechstückes wollen sich nämlich bei der Abkühlung zusammenziehen, werden aber daran von den umliegenden kalten Blechteilen gehindert. Diesen einander entgegengesetzten Bestrebungen muß entweder die warme Partie durch Dehnen oder die kalte Partie durch

---

[1]) Besonders charakteristisch sind in dieser Beziehung Risse und Sprünge in den gekrempten Feuerbüchs-Vorder- und Hinterböden bei Lokomotiven; sie kommen bei kupfernen und eisernen Büchsen vor. Auch bombierte und gekrempte Böden haben in der Krempung oft Risse, die auf solche Erscheinungen zurückzuführen sind.

Stauchen Rechnung tragen. Welcher von diesen beiden Fällen eintritt, wird durch das Verhältnis der Streckgrenze zur Quetschgrenze des Materiales unter Berücksichtigung der betreffenden Temperaturen bestimmt. Bei Schmiedeeisen, wo bei gleicher Beanspruchung eher ein Strecken des erwärmten Materiales als ein Stauchen des kalten eintritt, wird das Resultat zunächst eine bleibende Streckung der erkaltenden Teile sein. Wenn aber die Temperatur unter eine gewisse Grenze gesunken ist, wird das Verhindern des Zusammenziehens nicht mehr spannungslose Deformationen des warmen Teiles, sondern solche Deformationen hervorrufen, welche Zugspannungen im warmen, Druckspannungen im kalten Teile des Bleches mit sich bringen. Diese Spannungen sind gefährlich und müssen durch nochmaliges Ausglühen entfernt werden. Wenn das Blech wieder in den glühenden Zustand kommt, so verwandelt sich nämlich die elastische Deformation in eine spannungslose und durch langsames, gleichmäßiges Abkühlen des ganzen Stückes wird an diesem spannungslosen Zustande nichts mehr geändert.

Das Flanschen und Börteln wird auch vielfach durch Pressen besorgt, eine Arbeitsweise, welche der Hammerarbeit entschieden vorzuziehen ist. Sehr große Pressen werden zum Börteln der Böden verwendet, wo aus einer runden Platte, die in glühendem Zustande auf den entsprechend geformten Stempel der hydraulischen Presse gelegt wird, durch Drücken gegen eine entsprechend geformte ringförmige Matrize in der Regel mit einem Hub in einer Hitze der fertig bombierte Boden hergestellt wird. Solche Arbeitsweisen, wo sich die Deformierungsarbeit auf das ganze Arbeitsstück gleichzeitig erstreckt, wo die Erwärmung und Abkühlung möglichst gleichmäßig über dem ganzen Stück vor sich geht, beeinflussen das Material begreiflicherweise in geringerem Maße, als partienweise Arbeit. Meist fehlen aber in den Kesselschmieden solche große Pressen, und zwar weniger wegen der Kosten der Pressen selbst, sondern wegen der großen Menge von Matrizen, die erforderlich sind, und deren Anschaffung nur bei Massenproduktion gleicher Stücke rentabel erscheint.[1]) Man braucht

---

[1]) Siehe „Die Massenfabrikation im Maschinenbau" von K. Specht. (Von dem Vereine zur Beförderung des Gewerbefleißes gekrönte Preisarbeit.)

vielmehr in den Kesselschmieden Maschinen, mittels welcher, ohne daß große und kostspielige Teile ausgewechselt werden müssen, die verschiedensten Stücke verschiedenster Dimensionen hergestellt werden können.

Eine solche Maschine, wie sie insbesondere in England in einzelnen Betrieben Verwendung gefunden hat, und welche man wohl wegen ihrer vielseitigen Verwendbarkeit als Universalpresse bezeichnen könnte, ist in Fig. 20 dargestellt.

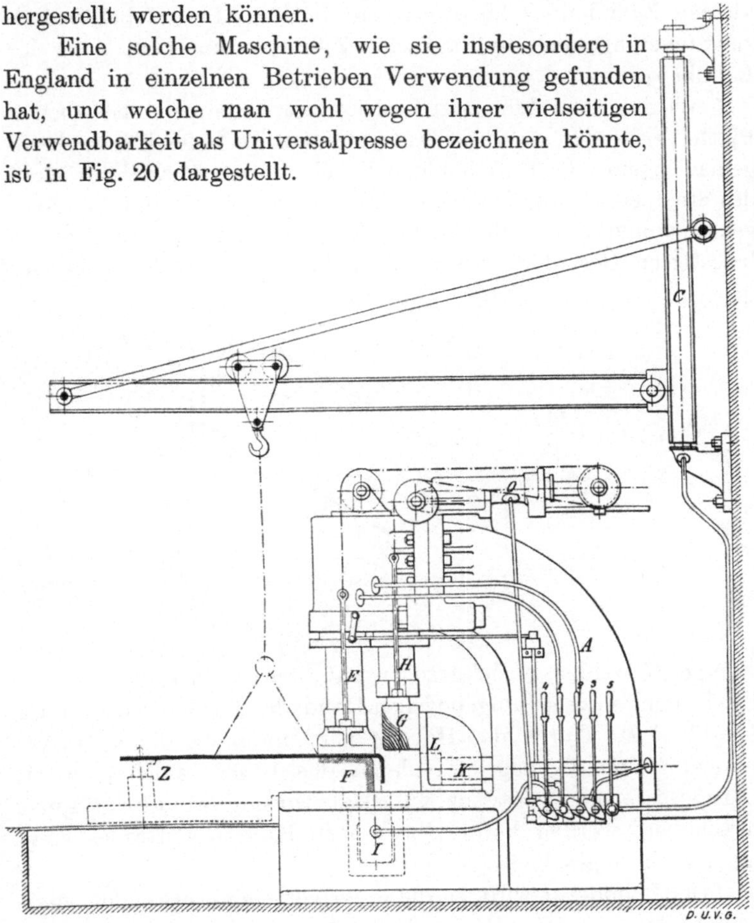

Fig. 20.

Die Maschine hat in ihrem Hauptteile vier hydraulische Zylinder mit entsprechend massiven Stempeln. Zwei dieser Stempel, E und H, wirken von oben nach unten, der dritte Stempel, K, wirkt in horizontaler Richtung, der vierte Stempel, I, wirkt von unten nach oben. Die Steuerung dieser Stempel wird durch die Hebel 1, 2, 3 und 4 besorgt. Durch den Hebel 4 kann außer der Aufwärtsbewegung des Kolbens I auch die Aufwärts-(Rückzugs-)Bewegung des Stempels E mittels des kleinen Zylinders O hervorgerufen werden. Der Hebel 5 dient zur Steuerung eines hydraulischen Zylinders zur Betätigung der Kranbewegung.

Wird die Maschine zum Beispiel zum Krempen einer ebenen Platte verwendet, so wird diese, an einem Teile des Randes heißgemacht, auf die Teilschablone F gelegt, durch Niederdrücken des Stempels E, an dem ein geeigneter Kopf befestigt ist, festgehalten und durch Betätigung des Kolbens H mit dem daran befestigten Gesenk G stückweise gebogen. Nachdem sich der

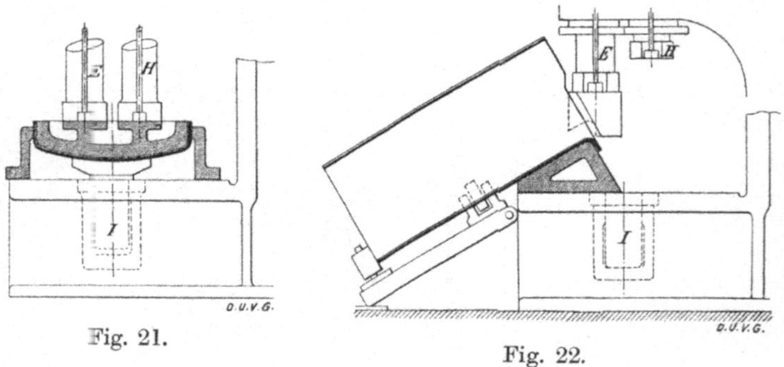

Fig. 21.

Fig. 22.

Stempel H wieder zurückgezogen hat, tritt K in Funktion und drückt den teilweise umgebogenen Rand des Bleches ganz an die Schablone F. Durch den Hebel 4 wird nunmehr die Aufwärtsbewegung von E ausgelöst, damit das Blech, welches, wenn es rund ist, bei Z zentrisch aufgelegt wird, gedreht oder sonst verschoben werden könne, was mit Hilfe des Kranes bzw. des Hebels 5 geschieht.

Der Zylinder J wird zu dieser Arbeit nicht verwendet, man braucht ihn aber zum Beispiel zum Ausstoßen gepreßter Stücke bei Verwendung der Maschine, wie in Fig. 21 dargestellt, wo die Kolben E und H zum Pressen eines kleines Bodens durch eine gemeinsame Matrize gekuppelt sind.

Das Börteln eines Flammrohrschusses mittels dieser Maschine ist aus Fig. 22 ersichtlich; hier wird nur der Kolben E verwendet.

Man sieht, daß allerlei Arbeiten auf diese Weise einfach und verläßlich ausgeführt werden können. Das Pressen ist eine für die Kesselschmiede sehr vorteilhafte Arbeitsweise; man findet sie leider bei uns noch zu selten.

9. Die Herstellung der Nietlöcher.

Die Herstellung von Löchern in Blechen kann durch Lochen mit der Lochmaschine und durch Bohren mit der Bohrmaschine oder dem Bohrgeräte erfolgen. Beim Lochen wird der ganze Materialzylinder, durch dessen Entfernung das Loch entsteht, in einem Stück herausgeschert, beim Bohren wird das Material an der zu lochenden Stelle spanweise losgelöst und ausgenommen. Das Lochen steht zum Bohren in einem ähnlichen Verhältnisse, wie das Schneiden mit der Blechschere zum Hobeln. Das betreffs des Scherenschnittes gelegentlich der Besprechung des Beschneidens der Bleche Gesagte gilt auch hier. Der Scherenschnitt ruft Veränderungen der der Schnittebene zunächstliegenden Schichten hervor und das Lochen beeinflußt das in der Umgebung des Loches gelegene Material in ähnlicher Weise; nur ist diese ungünstige Beeinflussung in der Nietnaht wegen der ohnedies dort vorhandenen Schwächung des Blechquerschnittes kritischer als am Rande des Bleches.

Beim Lochen wird das Blech auf eine mit einem Loche versehene Unterlage (Matrize) gelegt; ein Stempel, dessen Durchmesser dem des zu erzeugenden Loches entspricht, bewegt sich senkrecht zur Blechebene gegen die Matrize durch das Blech hindurch und treibt ein zylindrisches Stück aus dem Blech durch die Matrizenöffnung vor sich hin. So einfach dieses Prinzip erscheint, so kompliziert sind die Vorgänge im Materiale an der Peripherie des Loches. Kick bezeichnet das erste Stadium der Deformation als ein „Fließen des Materiales in das Loch der Matrize": „Hat der Stempel eine gewisse Tiefe erreicht, so wird der Widerstand gegen Abscheren endlich kleiner sein als der Widerstand gegen weiteres Eindringen unter Fluß des Materiales und es erfolgt plötzlich das Abscheren. Der ausgestoßene Materialbolzen ist von geringerer Höhe als die

Blechdicke, weil er nur jenen Teil des vom Stempel verdrängten Materiales enthalten kann, welches nicht seitlich zum Abfluss gelangte.‘‘

Durch das Aussehen der Butzen (wie man das zylinderförmige, beim Lochen ausgetriebene Stück nennt) können vielleicht die Vorgänge im Innern des Materiales illustriert werden. In den Fig. 23 und 24 sind einige solche Butzen, wie sie sich

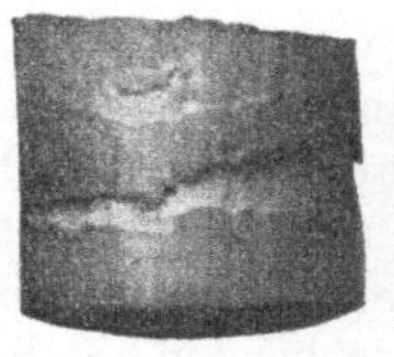
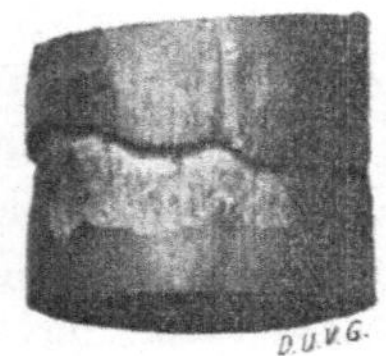

Fig. 23.

beim Lochen ergaben, photographisch dargestellt. Die Bleche waren 23 mm und 13 mm stark, der Lochstempel hatte einen Durchmesser von 25 mm, das Matrizenloch war etwas größer. Man erkennt an der Oberfläche zweierlei Zeichnungen. Einzelne Teile der Oberfläche sind blank und glatt, andere zeigen körnig-faseriges Gefüge und sind mattgrau. Das blanke Aussehen an einzelnen Stellen kann der Butzen nur dadurch bekommen

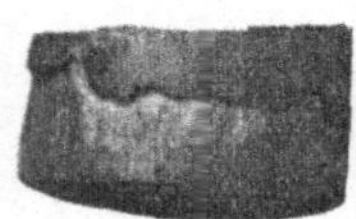

Fig. 24.

haben, daß er sich durch das Matrizenloch zwängen mußte, wobei alle vorstehenden Teile blankgerieben wurden. Die Stellen an seinem Umfange, welche eine solche nachträgliche Glättung nicht erfahren haben, blieben roh, mattgrau. Während die blanken Teile eine genaue zylindrische Form aufweisen, und, selbst wenn sie durch dazwischenliegende matte Stellen getrennt sind, ein und demselben Zylinder entsprechen, gehören die matten Oberflächenstücke kegelförmigen Flächen an. Und zwar lassen sich in der Regel zwei solche Kegel nachweisen:

einer in der Mitte, der andere ihm koaxiale im oberen Teile des Butzens.

Diese beiden Kegel lassen sich leicht erklären: der Druck, der vom Stempel ausgeht, pflanzt sich kegelförmig in der Blechplatte fort, etwa in der Weise, wie es P in der Fig. 25 anzeigt; das Material, welches innerhalb des durch die Erzeugenden P begrenzten Kegelstumpfes liegt, befindet sich in gedrücktem Zustande. Ebenso erzeugt der von der Unterlage herrührende Druck einen Ring von gedrücktem Materiale um einen Kegelstumpf herum, dessen Basis ungefähr der Lochkreis der Matrize ist. In der Figur sind die Erzeugenden dieses Kegelstumpfes mit M bezeichnet. Zunächst wird sich der Stempel nach Maß-

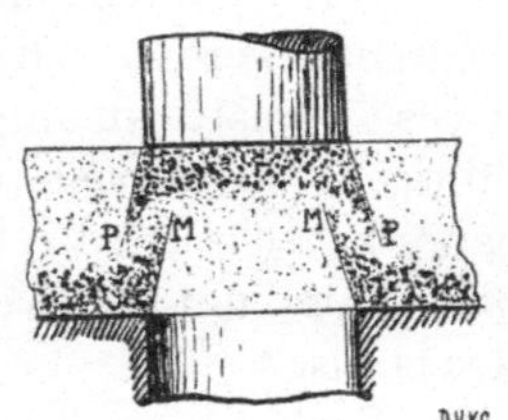

Fig. 25.

gabe der nachgebenden oberen Schichten oben etwas in das Material einpressen und gleichzeitig wird sich die untere Fläche des Bleches, insofern sie über der Matrizenöffnung frei liegt, unter dem Einflusse der ringsherum wirkenden Druckkräfte gegen die Öffnung hin und in sie hinein wölben. (Man erkennt diese Wölbung an den Butzen genau.) Wenn dann die beiderseitigen Druckspannungen, deren erste nicht direkt voneinander abhängigen Wirkungen den Eindruck des „Fließens des Materiales in das Loch der Matrize" hervorrufen, groß genug geworden sind, treten an der Grenze zwischen gedrücktem und spannungslosem Materiale, d. i. in den beiden Kegelflächen M und P, Scherspannungen auf, welche schließlich das Abscheren längs jener Flächen zur Folge haben. Auf den Materialkegelring zwischen den Kegeln M und P wirken komplizierte Kräfte ein. Dort begegnen sich die Druck- und die Scherspannungen, und, da dieser Ring sehr schmal ist, weil die Kegel M und P in der Natur viel spitziger sind als in der Zeichnung, die Linien M und P also steiler verlaufen, kann man sich leicht vorstellen, daß auch dieses Band zwischen dem Butzen und dem übrigen Bleche bald reißt, nachdem das Abscheren längs M und P beiderseits bis gegen die Mitte gekommen ist.

Während dann der Butzen weiter nach abwärts gepreßt

wird, werden seine vorstehenden Teile durch die Matrizen-
lochwand geglättet, ebenso reibt der Stempel bei seiner Weiter-
bewegung durch das Loch im Bleche die vorstehenden Teile
der Lochwand glatt.

Die obere Kreisfläche des Kegelstumpfes wird wohl in
der Natur kleiner sein als die Grundfläche des Stempels, weil
die Druckspannungen, deren Zone durch diesen Kegelstumpf
begrenzt werden soll, an der äußersten Peripherie der Stempelbasis verhältnismäßig klein sind, die Kante des Stempels
übrigens auch nach einigem Gebrauche abgerundet bezw. ab-
gewetzt sein wird. Aus demselben Grunde wird die Grundfläche des unteren Kegelstumpfes größer sein als der Matrizen-
lochkreis.

Nach diesen Erwägungen kann man sich von der Form
des Butzens und dem Aussehen der Lochwand ein Bild machen.
Stelle in Fig. 26 S den Stempel und U das Matrizenloch dar,
so verlaufen die beiden Druckkegel der Fig. 25 auch hier längs
M und P; denkt man sich den Matrizenlochzylinder nach
oben verlängert und zieht die Linie A, so schneidet man da-

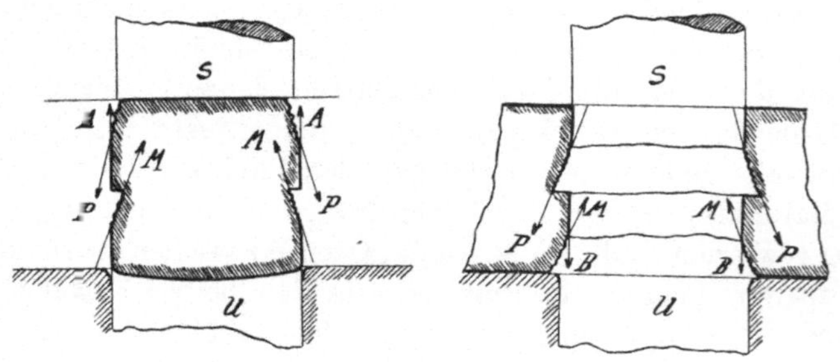

Fig. 26.

durch alle vorstehenden Teile ab und es resultiert auf diese
Weise links die Form des Butzens, wobei die gerade ausgezogenen Linien den blank geglätteten Flächen, die gewellt
gezeichneten Linien die matten, abgescherten Stellen andeuten.
Auf der rechten Seite der Figur ist das Gleiche für die Lochwand durchgeführt. Die Verlängerung B der Begrenzungslinie
des Stempels schneidet hier die vorstehenden Stellen oben und
in der Mitte ab; die geraden und gewellten Linien haben hier
die gleiche Bedeutung.

Vergleicht man die linke Seite der Fig. 26 mit den Butzen, wie sie in den Fig. 23 u. 24 dargestellt sind, so wird man eine befriedigende Übereinstimmung finden. An die untere gewölbte Grundfläche schließt sich eine blanke zylindrische Zone, dann folgt ein mattes konisches Stück, dann ein blanker zylindrischer Streifen und oben wieder ein kegelförmiger Teil von körnigfaseriger Struktur.

In Fig. 27 ist das 13 mm starke Blech, aus dem die niederen Butzen stammen, in der Mittellinie der Löcher durchgeschnitten, nach photographischer Abbildung dargestellt. Man sieht dort, der Fig. 26 entsprechend, unten zunächst eine Zone von roher

Fig. 27.

Abscherung, in dem darüberliegenden durch den Stempel blank geriebenen, restlichen Teil der Lochwand Spuren jener mittleren matten Zone, die durch den einspringenden, gewellt gezeichneten Winkel auf der rechten Seite der Fig. 26 dargestellt ist.

Diese Lochwandverletzungen reichen etwa einen halben Millimeter tief in das Fleisch sichtbar hinein; wie weit noch andere unsichtbare Verletzungen des Materiales vorhanden sind, kann ohne weiteres nicht konstatiert werden. Versuche hierüber haben die verschiedensten Resultate ergeben.

Die weitestgehenden Einflüsse des Lochens auf das um das Loch herum befindliche Material werden wohl die sein, die Beck-Gerard auf Grund seiner Untersuchungen festgestellt hat. Er behauptet, daß das Material noch mehrere Zentimeter um die Lochwand herum durch das Lochen beeinflußt werde; er fand nämlich kreisförmige Risse der Oberflächenhaut der Bleche konzentrisch um den Lochkreis herum und schließt daraus, daß Spannungen, welche über die Elastizitätsgrenze des Eisens gehen, dort vorhanden gewesen sein müssen, da sonst ein Reißen der Oberflächenhaut nicht eingetreten wäre. Ganz abgesehen von so auffallenden Resultaten, wurde oft konstatiert, daß die durch das Lochen hervorgerufenen Spannungen in der Umgebung der Löcher radial verlaufende Haarrisse verursachen, welche bedeutende Schwächungen des Bleches herbeiführen; viele Unfälle sind auf diese Folgen des Lochens der Bleche zurückgeführt worden.[1]) Allerdings wissen die Freunde der Lochmaschine darauf zu erwidern, „daß die Bemängelung nicht gegen das Nietlochstanzen an und für sich gerichtet sein darf, sondern nur gegen die Benützung unzweckmäßigen Stanzmateriales und gegen die Ausübung des Verfahrens beim Stanzen. Würden die Nietlöcher mit ebenso sachgemäß ausgewähltem Materiale und mit der gleichen Sorgfalt gestanzt werden, wie es beim Bohren allgemein gebräuchlich ist, dann wären die Nietnähte mit gestanzten Löchern viel besser als die mit gebohrten".[2])

Dem ist nun nicht ganz so! Das Lochen ist an und für sich eine rohe Arbeit, welche durch Anwendung großer Sorgfalt nicht verfeinert werden kann, denn die Ungenauigkeit ist im Wesen dieser Arbeitsmethode selbst begründet. Wenn man bedenkt, wie viele Zufälligkeiten bei den verschiedenartigen Verschiebungen und Verzerrungen im Innern des Bleches mitspielen müssen, da die Materialbeanspruchungen nicht nur quantitativ, sondern auch qualitativ wegen der verhältnismäßig großen Materialpartien, die gegeneinander in schiebende und zerrende Bewegung versetzt werden, unberechenbar sind, so wird man sich von weitgehender Genauigkeit, mit der man die Dimensionierung der Lochmaschinenteile (insbesondere Stempel und Matrize) etwa vornehmen wollte, einen verhältnismäßig nur geringen Erfolg versprechen können.

Das am Anfange dieses Kapitels angeführte, für das Lochen charakteristische Entfernen des ganzen Materialzylinders aus dem Lochraume in einem Stücke bedingt diese Ungenauigkeiten auf ganz natürliche Weise. In der Regel kann eine Arbeit um so genauer und besser ausgeführt werden, auf je kleinere Teile des zu bearbeitenden Materiales sie sich verteilen läßt. Wenn die gesamte aufgewendete Energie in viele kleine Teile

---

[1]) Siehe u. a. einen Bericht über das „Einreißen der Kesselbleche infolge gestanzter Nietlöcher" in der Zeitschrift „Kraft", 1906, Nr. 3.

[2]) K. Döring. „Soll man Kesselnietlöcher wirklich nicht stanzen?" Haases Zeitschrift für Lüftung und Heizung. XII. Jahrg., Heft 6.

zerlegt wird, deren jeder auf einen Teil des Materiales von geringer Größe und verhältnismäßig großer Oberfläche zur Wirkung kommt, und diese Kraftentfaltung auf diese Weise sich auch auf eine längere Zeitdauer erstreckt, ist es leicht, sie in vorgeschriebener Bahn zu erhalten; wenn aber, wie beim Lochen, die ganze Arbeitsleistung der Maschine auf ein großes Materialstück mit verhältnismäßig kleiner Oberfläche auf einmal zur Geltung gebracht und auf einen kurzen Zeitpunkt, den des Durchstiches, konzentriert wird, also gleichsam ruckweise vor sich geht, sind namhafte Abweichungen von der bezweckten Richtung leicht möglich. Der Grund hiefür liegt darin, daß bei solchen Arbeitsmethoden, wo eine größere Energiemenge auf einmal aufgewendet wird, die schließlich bezweckte Wirkung gleichsam dem Werkzeuge örtlich gar zu weit vorausrennt und so Materialpartien, welche dem Werkzeuge noch fern liegen, schon lange, ehe sie vom Werkzeuge erreicht werden, indirekt stark beeinflußt sind. Diese Erscheinung kann am besten beim Spalten des Holzes mit der Axt beobachtet werden. Die Spaltung geht weit über den Bereich des von der Axtschneide zurückgelegten Weges hinaus. Durch das Eindringen der Axt an dem obersten Ende des Holzstückes werden in dem ganzen übrigen Teile desselben Spannungen erzeugt, welche das Aufgehen längs einer viel längeren Strecke, als es der Weg der Axt im Holze ist, und ungefähr in der Richtung des erfolgten Hiebes bewirken. Dadurch, daß man eine große Energiemenge während kurzer Zeit zur Geltung kommen läßt, bezweckt man eben diese Art ihrer Wirkung. Die Wirkung ist aber in diesem Falle nicht in genaue Bahnen gezwängt; die Trennung des abzuhauenden Stückes von dem Brett wird nur beiläufig in der Richtung, die durch die Richtung des Axthiebes eingeschlagen war, erfolgen; die Wirkung des größten Teiles der beim Schlage übertragenen Energiemenge bleibt, was ihre Richtung und teilweise auch ihre Art anbelangt, verschiedenen Zufälligkeiten, zum Beispiele hier in erster Linie dem Verlaufe der Fasern im Holze überlassen. Oft läßt sich, um dieses Beispiel weiter auszuspinnen, durch sorgfältige Schlagführung und vorhergehende genaue Untersuchung des Faserverlaufes und anderer Eigenschaften des Holzes von vornherein das zu erwartende Resultat des Axthiebes schätzen, von einer Genauigkeit kann aber hiebei keine Rede sein, und jedem, der schon durch Spalten die Form eines Holzstückes ändern wollte, wird das eine oder andere Mal die Erfahrung gemacht haben, daß das Resultat ein ganz anderes war, als er bezweckte; in weitgehende Anrisse, welche von der gewünschten Richtung abzweigen, hat sich der größte Teil der ungezügelt in das Holz übertragenen Energiemengen verloren und ist, da die Stellen geringsten relativen Widerstandes anders verteilt waren, als man anzunehmen Grund hatte, in anderer Weise aufgebraucht worden, als es ihre Bestimmung war.

Ebenso ist es beim Lochen; die durch den niedergehenden und eindringenden Stempel und durch die Matrizen-Gegenwirkung in großer Menge auf das Blech übertragene Energie ruft schon anfangs, wenn der Stempel erst einen kleinen Weg zurückgelegt hat, in den Materialpartien, welche ihm noch fern liegen, ja sogar in der ganzen Blechdicke mächtige Wirkungen, stellenweise jedenfalls auch schon die vollkommene Trennung der Eisenteilchen hervor; es rennt also auch hier die schließlich bezweckte Wirkung dem Werkzeuge weit voraus. Die Richtung, in der sie zur Geltung kommt, ist selbstredend auch hier die des kleinsten relativen Widerstandes, nur ist sie hier im allgemeinen nicht schon durch die Materialeigenschaften, wie beim Holz etwa durch die Faserung, bedingt, sondern hängt mit den auftretenden Spannungen bzw. mit ihren Begrenzungszonen, wie die besprochenen beiden Kegel (M und P, Fig. 26) zusammen[1]) Nun läßt sich die voraussichtliche Verteilung der durch die anfängliche Stempelbewegung hervorgerufenen Spannungen, insbesondere auch die Neigung der Begrenzungskegel ungefähr von vornherein schätzen, es lassen sich auch durch entsprechende Wahl von Stempel und Matrizendurchmesser und durch andere Konstruktionsrücksichten an der Lochmaschine diese Verhältnisse im Innern des Bleches bis zu gewissen

---

[1]) Dieser Unterschied zwischen den Prozessen des Lochens und Spaltens ist allerdings wesentlich, berührt aber den Kern des Vergleichs nicht. Das sogenannte „Tertium Comparationis" liegt nämlich in der Erscheinung, daß die in letzter Linie bezweckte Wirkung dem Werkzeuge vorauseilt, und in den im weiteren dargelegten Folgen dieser Erscheinung für die Genauigkeit der Arbeit, es liegt aber nicht in den Tatsachen, welche die voreilende Wirkung des Werkzeuges in solchem Maße ermöglichen.

Grenzen ändern; von einer Genauigkeit kann aber wohl hiebei noch weniger die Rede sein, als bei dem vorangeführten Spalten des Holzes; noch weniger als dort deshalb, weil der beim Holz die Richtung der Energiewirkung hauptsächlich bestimmende Faserverlauf und etwaige diesbezügliche Nebenumstände doch von vornherein leichter konstatierbar sind, als die die Neigung der bewußten Kegel bedingenden Verhältnisse, unter denen augenscheinlich unbedeutende Faktoren eine große Rolle spielen können. So zum Beispiele soll die Tatsache, ob der Stempel eine zentrische Spitze hat oder nicht, einen großen Einfluß auf die Vorgänge im Innern des Bleches und die Richtung der dort maßgebenden Veränderungen ausüben. Das Gleiche läßt sich von der Wölbung der Stempelbasis sagen, gleichgültig, ob sie konkav oder konvex ist. Außer diesen Verhältnissen, die mehr konstruktiver Natur sind und die Feststellung ihrer Wirkungen in der Praxis vielleicht experimentell zulassen, kommen noch wichtige Fragen in Betracht, welche mit der Abnützung in Zusammenhang stehen. Auf den Einfluß der Abrundung der kreisförmigen Kanten an Stempel und Matrize wurde schon gelegentlich der Besprechung der Fig. 26 hingewiesen; aus den dortigen Darlegungen geht hervor, daß die Lage der Kegelstumpfe M und P gegeneinander, sowie auch ihre Größe sich mit der Abnützung verändern. Kurz, es spielen eine Menge ihrer Art und ihrer Größe nach unbestimmbare Einflüsse mit, welche die Fehler, Materialverletzungen oder mindestens die Ungenauigkeiten, die beim Lochen auftreten, als der Arbeitsmethode des Lochens typische, für das Lochen charakteristische, ihrem Wesen eigene Erscheinungen erkennen lassen, deren Auftreten also auch durch große Genauigkeit bei der Konstruktion der wichtigen Maschinenteile und große Sorgfalt beim Lochen selbst nicht wirkungsvoll entgegengetreten werden kann.

Ganz anders verhält es sich beim Bohren der Löcher, welchem in Weiterführung des Vergleiches mit dem Holzstücke das Hobeln an die Seite zu stellen ist.

Das Charakteristische dieser Arbeitsmethode ist das stückweise Entfernen der zu entfernenden Materialteile. Jeder Span ist als ein Stück für sich zu betrachten, für dessen Abtrennung eine gewisse, verhältnismäßig sehr kleine Energiemenge und auch diese nicht ruckweise verwendet wird. Das Werkzeug, der Hobel bezw. der Bohrer, hält daher die Wirkung des durch ihn verwerteten Arbeitsaufwandes ununterbrochen in einer bestimmten Bahn, die Wirkung geht hier dem Werkzeuge praktisch nicht voraus oder wenigstens nicht so weit voraus, wie im anderen Falle. Ein Entgleisen von der vorgeschriebenen Bahn ist hier nicht oder nur in viel geringerem Maße möglich, und zwar ungefähr nach Maßgabe des Verhältnisses der zur Abtrennung in einem ganzen Stücke aufgewendeten Energie zu jenem Teile derselben, welcher zur Abtrennung des Spanes erforderlich war, also bei der Herstellung des Loches ungefähr im Verhältnisse des ganzen Butzens zu einem Rohrspanteilchen.[1] Allerdings können diese kleinen Abweichungen um so öfter vorkommen, und zwar wieder im allgemeinen so oft, als das kleine Rohrspanteilchen in dem ganzen Butzen enthalten ist. Zahlreiche solcher kleiner Abweichungen sind aber einer großen entschieden nicht gleichwertig; sie addieren sich in ihrer Wirkung nicht, weil sie ja an verschiedenen Stellen längs des ganzen Werkzeugweges verteilt und an und für sich unbedeutend sind.

Das Bohren ist also eine Arbeitsweise, welche viel geringere Materialpartien auf einmal in Mitleidenschaft zieht; es kommen während der ganzen Dauer der Einwirkung des Werkzeuges keine bedenklich großen Energiemengen ungezügelt zur Geltung, weil die Zeit der Einwirkung entsprechend lang ist. Dies ist beim Lochen auf keine Weise zu erreichen möglich, der Stempel muß einen gewissen Druck, der zur Überwindung der Scherspannungen dient, mit einer gewissen Wucht ruckweise ausüben.

Es ist also vollkommen berechtigt, daß man gebohrten Löchern auch im Kesselbau den Vorzug gibt (im Brückenbau ist das Lochen ohnehin verboten, das Bohren vorgeschrieben). Es ist übrigens nur bei dem Arbeitsverfahren des Bohrens möglich, das Loch durch die beiden oder die drei Bleche, die miteinander verbunden werden sollen, gleichzeitig herzustellen und diese Arbeit in gerolltem Zustande der Bleche vorzunehmen.

---

[1] Kick, Gesetz der proportionalen Widerstände.

Zum Bohren verwendet man heute noch alle Systeme von Geräten und Maschinen der ganzen Stufenleiter der Entwicklung dieser Arbeitsmethode. Man findet in der Kesselschmiede sehr häufig noch die Bohrratsche in Verwendung, als ausschließlich verwendetes Werkzeug aber nur in primitiven Kesselschmieden; im allgemeinen wird mit der Bohrratsche nur dort, wo mit der Bohrmaschine nicht beizukommen ist, gearbeitet.

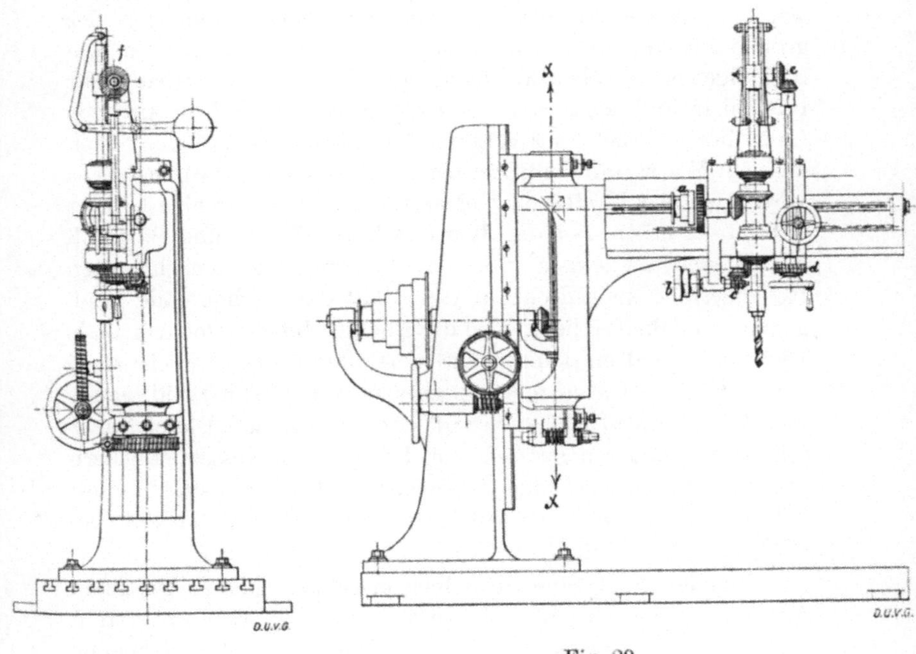

Fig. 28.   Fig. 29.

Unter den Nietlochbohrmaschinen selbst unterscheidet man die mannigfaltigsten Formen. Eine der älteren allgemein verwendeten Formen ist die Radialbohrmaschine, wie sie im Prinzipe in Fig. 28 und 29 dargestellt ist. Der Antrieb der Maschine erfolgt hier von der Transmission aus auf den großen Stufenkegel, von welchem dann die drehende Bewegung des Werkzeugs durch Zahn- und Kegelräder in einfach erklärlicher Weise, die fortschreitende Bewegung des in den Werkzeugkopf ein-

4*

gesetzten Bohrers aber durch die Stufenscheiben $a\,b$, die Schneckengetriebe c und d, die Kegelradübersetzung e und das Zahnstangengetriebe f bewerkstelligt wird. Außerdem läßt sich der Werkzeugschlitten in horizontaler Richtung, der ganze Arm mit der Schlittenführung kreisförmig um die Achse x und das ganze Drehgestell in vertikaler Richtung auf- und abwärts von Hand aus verstellen. Auch das Vorschubgetriebe kann ausgeschaltet und der Vorschub von Hand aus reguliert werden. Wegen all dieser Verstellungsmöglichkeiten und der großen Fläche, welche diese Maschine beherrscht, ist sie wie im allgemeinen Maschinenbau, so auch im Kesselbau sehr brauchbar und wird in neuerer Zeit mit elektrischem Antriebe (man braucht sich in Fig. 30 statt des Stufenkegels bloß einen kleinen Motor mit entsprechender Übersetzung vorzustellen) versehen. Der Kraftbedarf einer solchen Bohrmaschine beträgt zirka 1—2 PS.[1]) Bei der Bohrmaschine (Fig. 28 und 29) muß der Kessel auf einem vor der Bohrmaschine angebrachten Rollengestelle so gedreht werden, daß das zu bohrende Loch genau am Scheitel liegt, weil der Bohrstahl bloß eine vertikale Richtung erhalten kann. Die Verstellung des Kessels nach dem Bohren jedes einzelnen Loches ist umständlich und nimmt viel Zeit in Anspruch, verteuert also die Arbeit. Dieser Nachteil ist bei neueren speziell zum Bohren von Kesselnietlöchern gebauten Spezialmaschinen vermieden, überhaupt sind Radialbohrmaschinen, insbesondere was ihre Leistungsfähigkeit betrifft, bereits überholt.

Fig. 30 zeigt eine Kesselbohrmaschine mit elektrischem Antriebe, wie sie in Lüttich (1905) ausgestellt war; sie besteht eigentlich aus zwei auf einem gemeinsamen Schlitten stehenden Bohrmaschinen; es können also gleichzeitig zwei Löcher gebohrt werden. Jede Bohrspindel wird durch einen Elektromotor angetrieben und findet für Löcher bis zu 30 mm Durchmesser Verwendung. Der Vorschub der Bohrspindel erfolgt selbsttätig

---

[1]) Lochmaschinen mittlerer Dimensionen erheischen einen Kraftbedarf von 8—12 PS. Hierbei muß aber berücksichtigt werden, daß sich während des Leerganges der Maschine die Schwungmassen beschleunigen, daß so eine große Energiemenge aufgespeichert und im Momente der Überwindung des Hauptwiderstandes aufgebraucht wird.

Fig. 30.

und kann bis auf 0·2 mm verändert werden. Auch die Hebung
und Senkung der Spindeln erfolgt selbsttätig; das Interessanteste
an dieser Maschine ist aber die automatische Einstellung der
Bohrspindel nach der Mittellinie des Kessels und nach der
Nietteilung. Zu diesem Zwecke besitzt diese Maschine ganz
eigene Details.[1]) Auch die horizontale Verschiebung des Ständers
auf dem Bette kann maschinell erfolgen.

---

[1]) Das Prinzip dieser Einstellvorrichtung ist in der „Zeitschrift des
Vereins deutscher Ingenieure“ vom 27. Januar 1906 beschrieben.

Ein ganz anderes System einer Bohrmaschine ist in Fig. 31
dargestellt. Diese Bohrmaschine dient zwar in erster Linie zum
Bohren von Siederohrlöchern in Kesselböden oder Heizkammern,
würde also eigentlich nicht hiehergehören; da aber ganz ähnliche Maschinen mit vier und auch sechs Spindeln zum Bohren
von Niet- und Stehbolzenlöchern verwendet werden, soll sie

Fig. 31.

hier Erwähnung finden. Beim Bohren mit solchen Maschinen
werden die Bleche in ungerolltem Zustande in größerer Zahl
aufeinandergelegt und so vier oder sechs Löcher gleichzeitig
durch das ganze Paket gebohrt. Dieser Arbeitsweise haftet
eben nur der Fehler der Herstellung von Nietlöchern in ungerolltem Zustande der Bleche an. Für das Bohren von
Siederohrlöchern ist aber diese Maschine vorzüglich geeignet.

Jede von den vier Bohrspindeln ist in einem eigenen
Supportschlitten gelagert, diese vier Schlitten sind gegeneinander
verschiebbar auf einer Schieberplatte angebracht. Die Schieberplatte ist auf dem Querschlitten der Bohrmaschine von Hand
aus verstellbar, die vier Supportschlitten lassen sich aber

gemeinsam in der Weise bedienen, daß ihr Abstand voneinander
stets der gleiche bleibt. Links an der Maschine sieht man den
Elektromotor von zirka 5 PS, der die Spindeln so antreibt,
daß ihre Tourenzahl zwischen 40 und 60 gehalten wird. Alle
Spindeln haben gemeinsamen Niedergang, können aber von
Hand aus ausgelöst und zurückgezogen werden.

So ziemlich das Neueste, was im Bohrmaschinenbau für
Kesselnietlöcher bisher geleistet wurde, ist in den Fig. 32, 33
und 34 dargestellt. Ähnlich der Anordnung der Bohrmaschine
Fig. 30 sind auch hier zwei Ständer auf einer gemeinsamen
Grundplatte verschiebbar. Auf jedem dieser Ständer ist aber

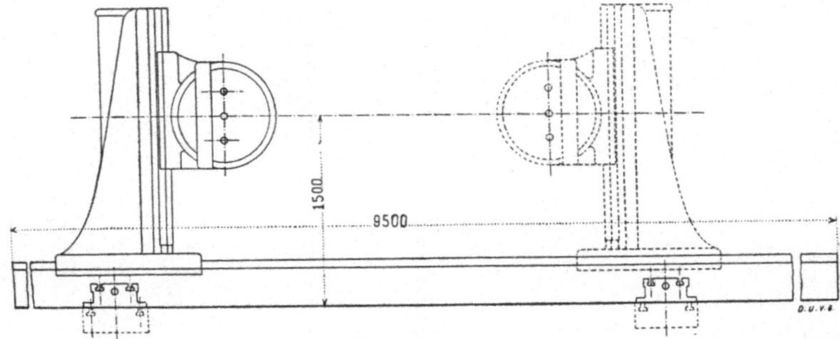

Fig. 32.

ein Schlitten geführt, der drei Bohrspindeln trägt, welche zum
Bohren von drei Löchern in einer Quernaht oder in einer
Längsnaht verwendet werden können. Es können also ins-
gesamt sechs Löcher gleichzeitig unter der Bedienung eines
einzigen Mannes gebohrt werden.

Der Antrieb der Maschine erfolgt durch je einen Elektromotor von 9 PS für jeden Ständer. Die Kraftübertragung
erfolgt durch Räderübersetzung auf den zentralen Antrieb
am Bohrschlitten, von da aus durch Zahn- und Kegelräder
auf die drei Bohrspindeln, von denen die beiden äußeren
zum Zwecke der Schiefstellung, die beim Bohren von Rund-
nähten nötig ist, mit Kugelgelenken ganz spezieller Konstruktion
versehen sind.

Auch was die Leistungsfähigkeit anbetrifft, soll diese
Maschine andere ähnliche Maschinen übertreffen. Sie soll z. B.
in einer Minute sechs Löcher von 25 mm Durchmesser durch

die doppelte Blechstärke von 40 mm bohren und zum Einstellen bei einiger Übung des sie bedienenden Arbeiters nur ebensoviel Zeit erfordern, wie eine gewöhnliche einspindelige Bohrmaschine. Es wäre also ihre Leistungsfähigkeit nahezu sechsmal so groß wie die der gewöhnlichen Bohrmaschinen.

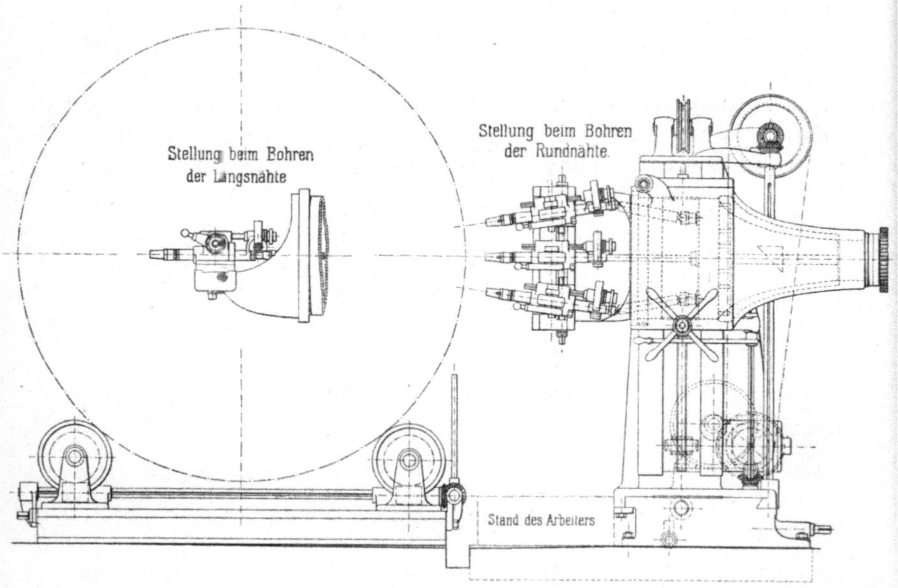

Fig. 33.

Zur bequemeren Bewegung des Kessels, der auf Rollen vor der Maschine liegt, kann für größere Kessel ein kleines Drehwerk mit einem Elektromotor benützt werden.

Bei den immer größer werdenden Dimensionen der Dampfkessel, welche ihre Beweglichkeit und ihre Einstellbarkeit in eine bestimmte Lage immer mehr beeinträchtigen, ist das Bestreben, den Kessel bei der Herstellung möglichst wenig zu bewegen und die Anarbeitungsmaschinen leicht beweglich zu machen, soweit es mit rationeller Arbeitsweise vereinbar ist, leicht zu erklären. Außerdem kam die allgemeine Anwendung immer größerer Geschwindigkeiten bei immer kleineren Maßen auf einzelnen Gebieten des Werkzeugmaschinenbaues diesem Gedanken zuhilfe, so daß sich in letzter Zeit die verschieden-

artigsten transportablen Bohrmaschinen entwickelt und teilweise
in ihrer Anwendung auch bewährt haben. Eine dringende
Notwendigkeit sind solche Bohrmaschinen für die Schiffswerfte
geworden, wo zur Anbringung der großen Panzerplatten oft-
maliges Anlegen, Anzeichnen und Wiederabnehmen der Platten
zum Bohren notwendig war, während heute an der angelegten

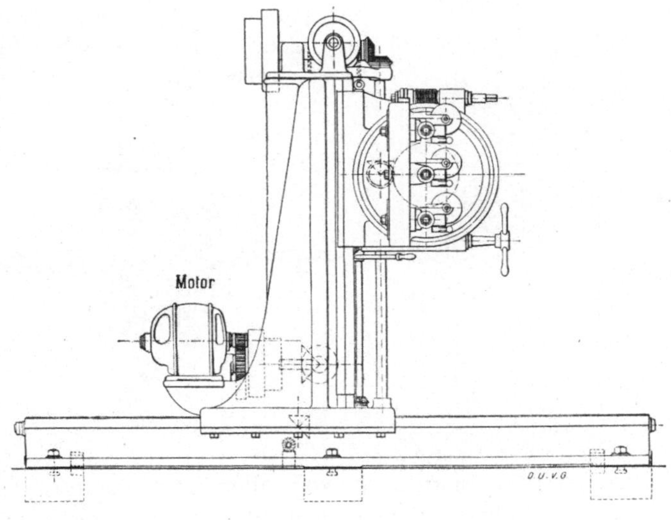

Fig. 34.

Platte am Schiffsrumpfe mittels der leichtbeweglichen hydraulischen, elektrischen oder pneumatischen Bohrmaschinen gearbeitet wird.

Die hydraulische Bohrmaschine, welche nach Patenten von
Marc Berrier-Fontaine von Tweddell ausgeführt wurde, wird
mit Druckwasser von 50—100 Atm. betrieben. Das Druckwasser verrichtet seine Arbeit in drei in einer Ebene stern-
förmig liegenden, gegeneinander um 120° verstellten Zylindern,
deren Kolbenstangen auf eine Welle wirken. Durch ein Kegel-
räderpaar wird die drehende Bewegung auf eine Spindel übertragen, an welcher direkt, oder unter Zwischenschaltung einer
biegsamen Welle der Bohrer sitzt. Die Motoren sind $^1/_2$ bis
1 Pferdekraft stark; die Maschine (Fig. 35) wiegt 50—57 kg.
Sie soll zwar auf Schiffswerften in England große Verbreitung

besitzen, kann sich aber für den Gebrauch in der Kesselschmiede wohl kaum mit den Bohrmaschinen anderer Systeme
messen.

Die transportable elektrische Bohrmaschine besteht aus
einem auf einem kleinen Wagen montierten Elektromotor mit
einem von diesem unabhängigen, durch eine teleskopartige
Kupplungsstange mit der Motor- oder Vorgelegwelle verbind-
baren Bohrgerät, welches separat
an irgend einer passenden Stelle
fixiert werden kann.

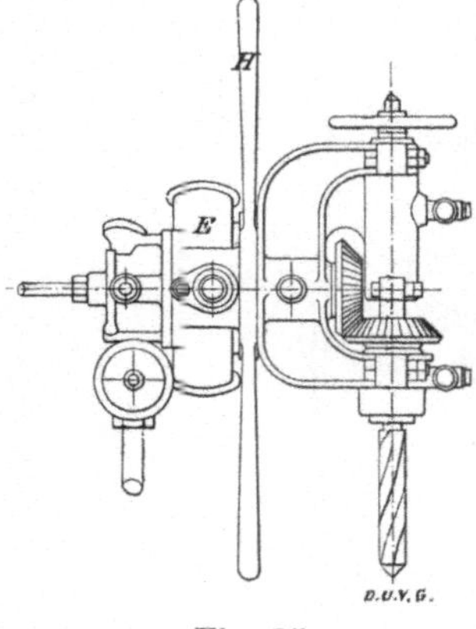

Fig. 35.

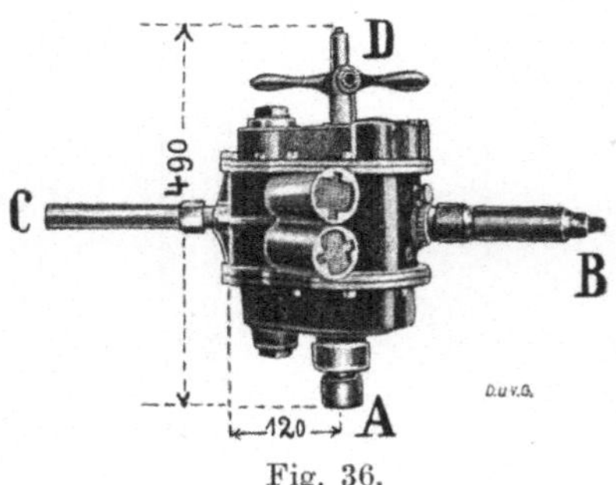

Fig. 36.

Am weitesten sind noch von allen letztgenannten leicht
transportablen Bohrmaschinen die pneumatischen Bohrmaschinen
verbreitet. Aus Fig. 36 ist zu entnehmen, wie kompendiös
eine solche Maschine gebaut ist: sie heißt nicht umsonst:
„Little Giant", d. h. „kleiner Riese". Bei A wird der Bohrer
eingesetzt, bei B der Schlauch mit Druckluft befestigt,
C und D sind Handgriffe zur Führung und Steuerung.
Antriebsvorrichtung ist eine Vierzylindermaschine. Je zwei
Zylinder stehen senkrecht aufeinander und arbeiten durch die
einseitig beaufschlagten Kolben, mittels Kolben- und Kurbel-
stange auf die Welle, an deren Ende der Bohrkopf sitzt. Die
beweglichen Teile laufen alle in Öl.

Fig. 37 zeigt eine solche Bohrmaschine in Verwendung.
Wenn sie auch dort, wie man aus der Form des Werkzeuges
(eine Reibahle, nicht ein Bohrer!) entnehmen kann, nicht eben
zum Bohren aus dem Vollen, sondern zum Ausreiben gebraucht
wird, kann man doch die Handhabung aus dem Bilde erkennen.

Fig. 37.

Über pneumatische Anlagen und weitere Details solcher Maschinen soll gelegentlich der Besprechung pneumatischer Stemm-
apparate noch näher eingegangen werden.

10. Das Ausreiben und Versenken der Nietlöcher.

Wenn auf irgend eine der im vorhergehenden Kapitel beschriebenen Arten die Löcher in die Kesselbleche gebohrt sind,
so sind diese Löcher noch lange nicht zum Einsetzen der Niete
geeignet, am allerwenigsten, wenn die Herstellung der Löcher
in jedem der beiden miteinander zu verbindenden Bleche
separat oder gar in ungerolltem Zustande der Bleche erfolgte.
Es sind vielmehr an den gebohrten und zusammengesetzten
Blechen noch verschiedene Vorarbeiten auszuführen.

Wenn man in ein durch beide Bleche gehendes Nietloch
den Finger steckt, so wird man im allgemeinen an einer Seite

oder an zwei Seiten des Lochrandes an der Grenze zwischen beiden Blechen Unebenheiten finden, welche daher rühren, daß das eine Loch gegen das andere etwas verschoben oder der Lochdurchmesser nicht gleich ist, die Lochkante also innen vorsteht. Bei gleichzeitig durch beide Bleche in gerolltem Zustande gebohrten Löchern kommt dies seltener vor. Daß das Durchzwängen der Nieten durch solche Löcher von den denkbar schlechtesten Folgen begleitet sein muß, leuchtet ohne weiteres ein, der Niet wird verbogen und stellenweise abgeschert. Fig. 38—40 zeigt solche fehlerhaft gearbeiteten Nähten

Fig. 38—40.

entnommene Nieten. Um solche Deformationen der Nieten zu vermeiden, werden die Löcher in den aneinandergepaßten Blechen aufgerieben, d. h. es wird mit einem mit Schneiden versehenen schwachkonischen Stahl, der Reibahle, alles an der Lochwand Vorstehende abgeschabt und so das Loch ganz blank gemacht. Diese Manipulation des Aufreibens wird meist von Hand aus vorgenommen, indem an der Reibahle ein zweiarmiger Handgriff befestigt wird. Es kann aber auch, wie bereits erwähnt (siehe Fig. 37), eine solche Reibahle pneumatisch betrieben werden. Selbstredend geht diese Arbeit dann um so schneller und präziser vor sich.

Bei Löchern, welche durch Lochen hergestellt sind, genügt das Ausreiben mit der Ahle nicht immer und muß meist, wenn man überhaupt den Arbeitsprozeß des Lochens nicht ganz aus der Reihe der statthaften Anarbeitungsmethoden ausscheidet, nach dem Lochen zunächst noch mit dem Bohrer nachgebohrt und sowohl das vorstehende Material am Lochrande als auch das verletzte Material an der Lochwand in mindestens 1—2 mm Ringbreite entfernt werden.

Durch die Bearbeitung mit der Reibahle werden zwar die Lochwände an den Kanten der Lochränder spiegelblank, aber es bleiben Grate zurück, die schon von der Bohrmaschine herrühren und mit schneidenartigem Rande das Nietmaterial beim Nieten verletzen, eventuell ein gutes Passen des Nietes ganz verhindern könnten. Diese Grate an den Lochrändern beider Bleche, sowohl außen an den Lochkanten als auch innen zwischen den beiden Blechen, müssen entfernt werden. Zu diesem Zwecke sollen die einzelnen Kesselschüsse nach dem Bohren wieder auseinandergenommen und die scharfe Kante an den vier Rändern der beiden Löcher entfernt werden. Dieses Abschrägen der Lochränder an den beiden äußeren Lochkanten ist auch notwendig, wenn kein besonders vorstehender Grat zu

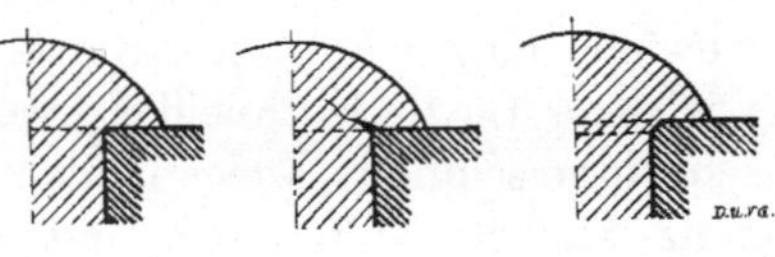

Fig. 41.　　　Fig. 42.　　　Fig. 43.

fühlen ist, denn es widerstrebt ganz allgemein gesprochen die Anordnung zweier aufeinander drückender Teile nach Fig. 41 den Gefühlen des Maschinenbauers: er sieht gleich bei dieser Anordnung auch schon den von der scharfen Kante ausgehenden Haarriß nach Fig. 42; viel sympathischer und ruhiger ist der Eindruck, den das Konstruktionsdetail nach Fig. 43 hervorruft. Es können die Kraftwirkungen hier zur Geltung kommen, ohne daß eine scharfe Kante das Material verletzt.

Erst nach Vornahme dieser beiden nie außer acht zu lassenden Arbeitsprozesse des Aufreibens und Versenkens der Nietlöcher zur Entfernung aller Grate und scharfen Kanten sind die Bleche zum endgültigen Zusammenfügen geeignet.

11. Die Herstellung von Rohr- und Bolzenlöchern.

Die Rohrlöcher in Böden, Stehkesselwände u. dgl. werden auf der Bohrmaschine, wie in Fig. 31 (S. 54) dargestellt, gebohrt oder richtiger geschnitten, denn das Werkzeug ist ein sogenannter Messerkopf und besteht aus einem Futter mit eingesetzten fünf bis sechs Messern, die sich längs der Peripherie des auszuschneidenden Kreises bewegen. Sind die Bleche, in welche diese Löcher geschnitten werden, eben, wie bei Wasserrohrkessel-Kammerwänden, so können gleich drei bis vier Bleche aufeinandergelegt und so auf der einen Maschine mit vier Spindeln 12—16 Löcher gleichzeitig hergestellt werden. Die Lochwände werden auch hier noch sauber und sorgfältig, bei einzelnen Kesseltypen mit Spezialwerkzeugen, dem abgedrehten Rohrende entsprechend konisch, aufgerieben, wozu meist pneumatische Bohrmaschinen mit Bohrköpfen ganz eigener Konstruktion verwendet werden.

Die Stehbolzenlöcher werden im allgemeinen wie Nietlöcher durch Bohren hergestellt, nur wird nachher noch ein Gewinde eingeschnitten. Statt des primitiven, von Hand betriebenen Gewindeschneiders verwendet man kleine Gewindeschneidmaschinen, welche, den pneumatischen Bohrmaschinen ganz ähnlich, nur noch mit einer Umsteuerungsvorrichtung versehen sind, weil die Spindel beim Gewindeschneiden rechts- und linksgängige Drehbewegung machen muß.

12. Das Nieten.

Die Theorie der Spannungsverteilung in den Nietnähten und in den Nieten selbst ist sehr kompliziert und fußt teilweise noch auf sehr ungewissen Voraussetzungen; ja, es sind die Meinungen über die grundlegende Frage: Wie und warum hält eine Nietnaht fest? noch sehr verschieden. Die einen behaupten, daß durch den Niet zusammengehaltene Bleche, wie Fig. 44 zeigt (Doppellaschennietung, Mantelblech), den Nietschaft auf Schub und Biegung beanspruchen, während andere — und diese Meinung wird von gewiegten und maßgebenden Fachleuten geteilt — von Biegungs- und Schubspannungen im Niet bei einer guten Nietung nichts

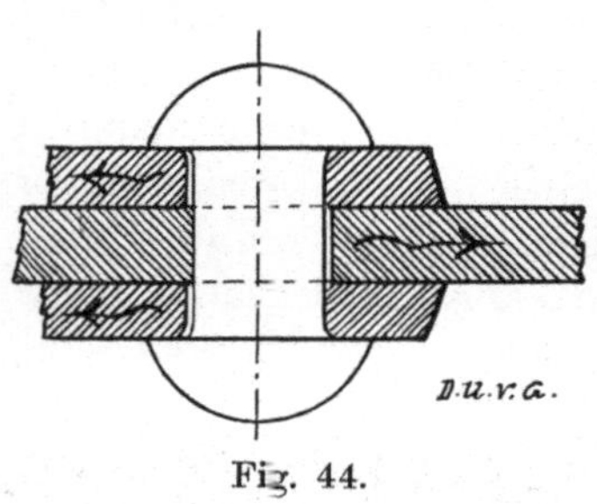

Fig. 44.

sehen wollen, sondern bloß Zugspannungen im Niet vorhanden glauben. Bach behandelt z. B. in seinem Werke „Maschinen-elemente" diese letztere Anschauung in ausführlicher Weise; er sagt dort:

„Die in heißem Zustande eingezogene Niete hat mit ein-tretender Erkaltung das Bestreben, sich zusammenzuziehen; infolgedessen preßt sie die Platten scharf zusammen und ruft dadurch Längsspannungen im Nietschaft wach. Mit der Zu-sammenziehung in Richtung der Nietachse ist gleichzeitig auch eine solche senkrecht dazu verknüpft: einmal aus Anlaß der Erkaltung des Nietschaftes an sich und zweitens infolge der allgemein mit Längsspannungen (Längsdehnungen) verbundenen Querzusammenziehung. Hieraus folgt, daß der Nietschaft selbst dann, wenn er im ursprünglichen (heißen) Zustande an die Lochwand sich angelegt hatte, diese nach seinem Erkalten nicht mehr berühren kann. Solange demnach kein Gleiten der durch die Nieten verbundenen Platten gegeneinander statt-gefunden hat, wird der Nietschaft die Wandung des Loches nicht berühren, also auch nicht durch Kräfte beansprucht sein können, welche von der Lochwand senkrecht zu seiner Achse geäußert werden müßten.

Einem etwaigen Gleiten der zusammengepreßten Platten widersteht die Reibung."

„Der Gleitungswiderstand R entzieht sich der Feststellung auf dem Wege der Rechnung. Dagegen ergeben die über R vorliegenden Versuche, daß bei in guten Werkstätten sach-gemäß ausgeführten Nietungen von mittleren Abmessungen für jedes Paar Berührungsflächen 1000—1500 kg Gleitungs-widerstand auf den Quadratzentimeter Nietquerschnitt gerechnet werden darf.

Wird die Kraft, welche die Nietverbindung beansprucht, fortgesetzt gesteigert, so überschreitet sie diesen Widerstand, die Platten gleiten, der Nietschaft gelangt zur Anlage und schließlich erfolgt nach vorhergegangener, meist ziemlich weit-reichender Formänderung (Streckung der Löcher in Richtung der Zugkraft, Rissigwerden derselben, Abscheren der Nieten oder Reißen der Platten) die Zerstörung der Verbindung durch Bruch.

Bei der Berechnung der Nietverbindungen ist man so

gut wie allgemein in der Weise vorgegangen, daß der Widerstand gegen Gleiten außer acht gelassen und lediglich der
Widerstand des Nietquerschnittes gegenüber Schubbeanspruchung
in Rechnung genommen wird; die Biegungsanstrengung des
Nietschaftes bleibt unberücksichtigt. Die vernieteten Platten
werden als lediglich durch Zug oder Druck beansprucht an-
gesehen.

Eingehende Beschäftigung mit der Sache führt zu der Er-
kenntnis, daß die Grundanschauung, auf welcher dieses Vorgehen
beruht und damit auch das letztere selbst unrichtig ist, daß
vielmehr der Widerstand gegen Gleiten bei den Nietverbindungen
entsprechend den tatsächlichen Verhältnissen in die erste Linie
gestellt werden muß.''

Die Veränderung der Querschnittsgröße des Nietes durch
die Temperaturveränderung, welche hier für diese Theorie von
ausschlaggebender Bedeutung und vielleicht das treffendste
Argument für ihre Richtigkeit ist, muß auch schon beim
Nieten berücksichtigt werden: der Niet muß immer entsprechend
kleiner als das Nietloch sein, damit er in heißem Zustande
durch das Nietloch hindurch gehe.

Die Erwärmung der Nieten geschieht in eigenen Öfen,
den Nietwärmöfen, welche oft auf einer zentralen hohlen
Achse, die zur Luftzuführung dient, drehbar angeordnet sind.
Zeitweilig stehen auch transportable und fahrbare Öfen in
Verwendung. Sie sind in der Regel mit 8 — 10 Einlege-
öffnungen versehen, so daß leicht gleichzeitig viele Nieten
und alle gleich lang im Feuer gehalten werden können. Die
Nieten sollen nicht zu heiß werden, weil das Eisen sonst zu
weich und nicht nur, wie erwünscht, das Nietloch ausfüllend
fest gestaucht wird, sondern auch zwischen die Platten fließt
und auch unter dem Setzhammer zu sehr herausspritzt. Die
Nieten sollen nicht zu schnell erhitzt werden, aber auch
nicht zu lange im Feuer bleiben, weil das Nietmaterial, insbesondere in oxydierender Flamme, an der Oberfläche verändert wird. Ein Niet braucht zirka 15—20 Minuten zu seiner
Erwärmung.

Der erhitzte Niet wird mit einer Zange aus der Ofenglut
herausgeholt und durch Aufschlagen der Zange von Zunder
und anderen Oberflächenverunreinigungen befreit oder von dem

den Ofen bedienenden Arbeiter oder Lehrjungen vom Ofen zum Kessel durch die Luft geworfen, wodurch ebenfalls eine Reinigung der Oberfläche erzielt wird. Dann wird der glühende Niet vom Kesselinnern aus in das Nietloch gesteckt und, nachdem innen am Setzkopfe die Vorhaltevorrichtung, eine dicke Eisenstange mit einer dem Setzkopfe entsprechenden Matrize (Pfanne) oder eine mit einer solchen Pfanne versehene Winde, angelegt ist, geschlossen, d. h. es wird der zweite Kopf, der Schließkopf, durch Hämmern oder Pressen hergestellt. Es mag gleich hier erwähnt werden, daß man versucht hat, statt der Nieten mit Setzkopf einfache heiße Bolzen zu verwenden (Stiftennietung) und, so wie jetzt den einen Kopf, beide Köpfe erst beim Nieten herzustellen. Die Versuche scheiterten aber an der Schwierigkeit, beiderseits gleich große Köpfe zu erhalten.

Das Nieten selbst kann von Hand aus oder maschinell: hydraulisch oder pneumatisch erfolgen; es ist die wichtigste und den meisten Aufwand an Löhnen erfordernde, wenn auch nicht die fachlich schwierigste Arbeit im Kesselbau.

Bei der Handnietung wird die Bildung des Schließkopfes durch Hämmern besorgt. Zunächst wird direkt auf das vorragende Ende des heißen Nietbolzens draufgeschlagen (aus dem Groben gestaucht), dann wird ein mit der Gegenform des Schließkopfes versehener Hammer, der Setz- oder Schellhammer, aufgesetzt und der Nietkopf mittels des Zuschlaghammers fertig gemacht. Außer der Bildung des Kopfes soll bei diesen Manipulationen auch die Stauchung des Bolzens im Nietloche erfolgen, so daß der Bolzen bis zu seiner weiteren Abkühlung ganz an der Lochwand anliegt. Die Stauchung des Bolzens handgeschlagener Nieten ist nicht so intensiv, wie die der maschinell geschlossenen, doch hängt dies wesentlich auch von der Hitze des Nietes ab; ein heißerer Niet kann wegen der größeren und länger anhaltenden Bildsamkeit des Materiales mehr gestaucht werden als ein weniger heißer.

Die normale Form des Kopfes bei Benützung des Schellhammers zeigt Fig. 45 nach Bach. Es können aber die Nietköpfe auch ohne Benützung des Schellhammers fertig gemacht werden; sie haben dann mehr konische Form (Fig. 46 nach Bach, Fig. 47 nach Unwin); Fig. 48 zeigt die richtigen Dimensionen eines versenkten Kopfes.

Durch die Abkühlung und Zusammenziehung der Nieten
kann der Reibungsdruck nur dann erzielt werden, wenn schon
beim Einziehen der Nieten die Bleche vollkommen aneinander-
lagen. Um das zu erreichen, sind erstens zahlreiche Heftnieten
vor Beginn der eigentlichen Nietung einzusetzen, zweitens
sind die Bleche durch Behämmern rings um den Niet während
des Niederstauchens aus dem Groben zu möglichst vollkom-
menem Anliegen zu bringen. Der durch die Nietzusammen-
ziehung erzielte Druck ist sehr bedeutend: Nimmt man den

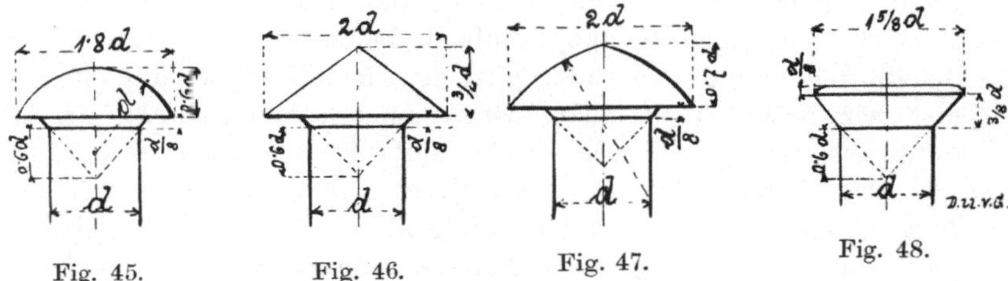

Fig. 45.   Fig. 46.   Fig. 47.   Fig. 48.

Ausdehnungskoeffizienten des Eisens zu zirka 12 Milliontel der
Länge, den Dehnungskoeffizienten zu zirka ein halbes Milliontel
an, so zieht sich das Eisen bei Abkühlung um 1^0 C., um ebensoviel zusammen, als es sich bei einer Zugsspannung von
$12 : \cdot 5 = 24$ kg pro Quadratzentimeter ausdehnen müßte, d. h.
die gehinderte Zusammenziehung bei Abkühlung ruft pro 1^0
Temperatur eine Zugspannung von 24 kg pro Quadratzentimeter
hervor. Schon bei zirka 200^0 Temperaturdifferenz ergäbe dies
eine Zugspannung von 4800 kg pro Quadratzentimeter, also
mehr als die Zerreißgrenze.

Nun ist aber der Niet nicht in einem unzusammendrück-
baren Materiale; es gibt vielmehr auch das Blech dem Drucke
nach, und man käme bei Annahme gleichen Druckes und
Gegendruckes schon auf die Hälfte dieser Ziffern, dann darf
nicht vergessen werden, daß auch das Blech in der Umgebung
des Nietes heiß war (wenn auch wegen der guten Ableitungs-
verhältnisse der Wärme im Durchschnitte der in Frage
kommenden Schichten viel weniger heiß als der Niet) und
sich zum Teile auch deshalb bei der Abkühlung mit dem Niete
zusammenzog. Nichtsdestoweniger kommen im Nietschafte sehr
große Zugkräfte, welche selbst das Abspringen des Nietkopfes

herbeizuführen in der Lage sind, in Frage. Bei sehr langen Nieten wird daher die Vorsichtsmaßregel angewendet, den Schaft nicht der ganzen Länge nach heiß zu machen bezw. den Setzkopf und den daranschließenden Teil des Schaftes vor dem Einziehen des Nietes wieder abzukühlen.

Mit dem Nieten soll immer in der Mitte der Naht begonnen werden, damit sich etwaige Verschiebungen der Bleche gegen ihr Ende hin erstrecken. Es wird daher während des Nietens noch ein Ausreiben von Löchern zu Anpassungszwecken nötig werden. Geringe Verschiebungen der Löcher gegeneinander werden auch durch Eintreiben von Dornen ausgeglichen, doch ist dies, insbesondere wenn mit großen Hämmern gewaltsam gearbeitet wird, dem Materiale in der Umgebung der Löcher sehr schädlich und kann zu Anrissen führen; es soll daher die Verwendung von Dornen überhaupt möglichst vermieden werden. Für Löcher, welche durch Ausreiben größer geworden sind, müssen selbstredend entsprechend stärkere Nieten verwendet werden.

In fast allen größeren und besser eingerichteten Kesselschmieden ist die maschinelle Nietung eingeführt. Sie wird von vielen Fachleuten der Handnietung vorgezogen; nur vereinzelt sind die Stimmen, die immer noch die alte Handnietung über die maschinelle Nietung hochheben. Tatsächlich liefert die Maschinennietung, und zwar insbesondere die hydraulische, ganz vortreffliche Resultate. Übrigens ist auch bei möglichst allgemeiner Verwendung der Maschinennietung die Handnietung nicht aus der Welt zu schaffen, da ja in der Regel die letzte Naht, wegen der Unzugänglichkeit der Setzköpfe für den Gegenhalter der Maschine, von Hand aus genietet werden muß. Die Maschinennietung hat gegen die Handnietung auch den Vorteil der Billigkeit voraus, doch sind eben ganz spezielle Einrichtungen hiezu nötig.

Die Nietmaschinen, welche im Kesselbau verwendet werden, wirken fast ausschließlich durch ruhigen Druck und müssen außer der Bildung des Schließkopfes auch das Anpressen der Bleche rings um den Niet besorgen, was bei der Handnietung, wie erwähnt, der Vorarbeiter durch Hämmern zu erzielen trachtet. Diese Nietmaschinen werden hydraulisch oder pneumatisch betrieben.

5*

Die hydraulischen Nietmaschinen stammen von Tweddell und werden als stationäre oder als bewegliche Maschinen ausgeführt.

In Fig. 49, welche dem Werke „Massenfabrikation“ von K. Specht entnommen ist, ist eine solche Tweddellsche stehende

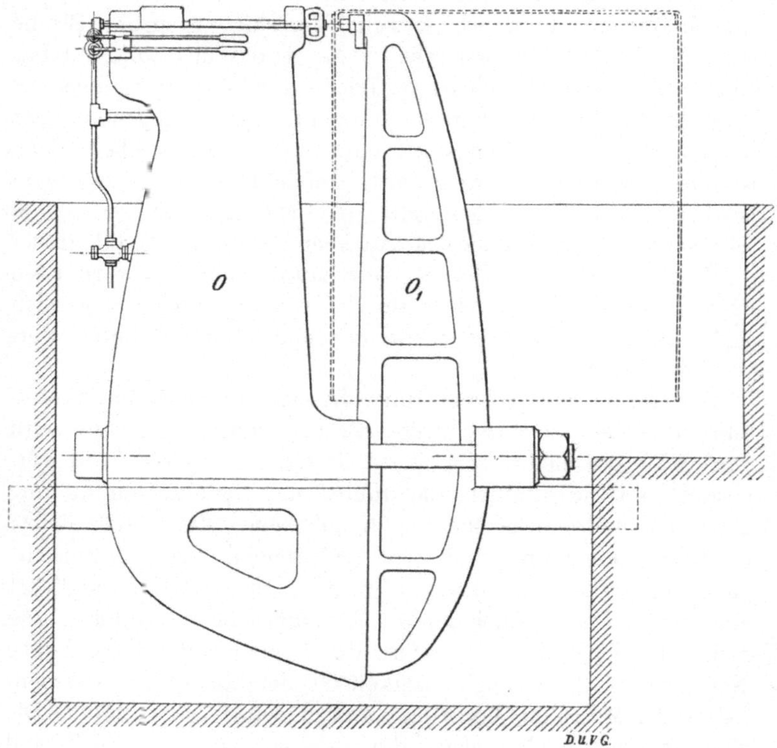

Fig. 49.

Nietmaschine dargestellt. Ihre Konstruktion und Wirkungsweise ist folgende:

Die Maschine besteht aus zwei sehr kräftigen Böcken O und O_1, von denen letzterer in Stahlguß ausgeführt ist und als Gegenhalter beim Nieten dient. Der andere, in Hohlguß hergestellte Bock O trägt einen feststehenden hydraulischen Kolben C (Fig. 50), auf dem sich der im Gestell geführte Zylinder F

bewegt, der gleichzeitig als Zylinder für einen zweiten hydraulischen Kolben A dient. Der Zylinder F trägt den zur Bildung
des Nietkopfes dienenden Döpper E, welcher von dem an der
Verlängerung G des Kolbens A sitzenden, zum Zusammendrücken der Bleche dienenden Hut H umschlossen ist. Das
vom Akkumulator durch das Rohr L zufließende Druckwasser
kann mittels des Ventiles D hinter den Zylinder F und mittels
des Ventiles B und die in der Zeichnung punktiert angegebene
Bohrung hinter den Kolben A geleitet werden.

Für gewöhnlich wird die Arbeit in folgender Weise ausgeführt. Man öffnet zunächst das Ventil B, wodurch der

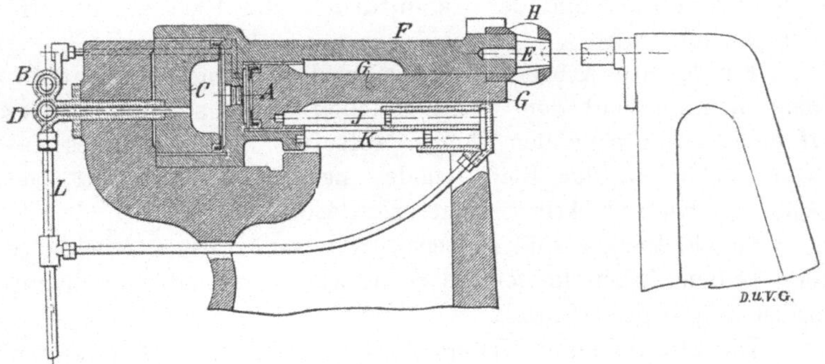

Fig. 50.

Kolben A mit seinem Plunger G nach vorwärts getrieben und
der Hut H gegen die Bleche gedrückt wird, so daß diese zu-
sammengepreßt werden. Hierauf öffnet man D, wodurch der
Zylinder F mit dem Döpper vorwärts geschoben und die Bildung
des Schließkopfes bewirkt wird, wobei, da auch B noch geöffnet
ist, die Bleche unter Druck verbleiben, während gleichzeitig
ein Teil des zwischen A und F befindlichen Wassers nach dem
Akkumulator zurückgedrängt wird. Die Bildung des Schließkopfes
erfolgt aber nicht mit dem ganzen auf F auszuübenden Druck,
sondern nur mit einem, dem Unterschiede der Kolbenflächen
F und A entsprechenden Druck, weil auch hinter A noch
Wasser von gleichem Druck sich befindet.

Bei der abgebildeten Maschine sind die Verhältnisse so
gewählt, daß der Druck auf Kolben A, also der zum Zusammendrücken der Bleche, 40 t beträgt, während der Schließkopf des

Nietes mit einem Druck von 60 t (entsprechend dem Unterschiede der Kolben F und A) gebildet wird.

Die aus der Zeichnung ersichtlichen Kolben J und K bewirken den Rückgang des Plungers G bezw. des Zylinders F und stehen während der Arbeit stets mit dem Akkumulator in Verbindung, so daß mit Umsteuerung der Ventile B und D ohne weiteres der Rücklauf der beiden Arbeitskolben eintritt.

Bei sehr schwerer Nietarbeit wird anfänglich in gleicher Weise, wie beschrieben, verfahren; ist der Schließkopf aber geformt, so schließt man das Ventil B, wodurch nicht allein der Druck von A, sondern auch der entsprechende Gegendruck von F gewonnen und der Gesamtdruck von 100 t auf F nutzbar gemacht wird.

Für leichte Arbeit benutzt man den Plunger G allein, indem man nur mit dem Ventil B arbeitet und statt des Hutes H einen entsprechenden Döpper aufsetzt. Ein vorheriges Zusammendrücken der Bleche findet natürlich nicht statt, ist auch bei leichter Arbeit nicht erforderlich.

Die Kolben J und K dienen zum selbsttätigen Rücklaufe der beiden Arbeitskolben, der mittels spezieller Einrichtung selbsttätig begrenzt wird.

Die feststehenden Nieter werden in der durch Fig. 50 veranschaulichten Anordnung in verschiedenen Größen gebaut, mit einem Druck von 80—150 t und bis zu 3·66 m Ausladung und bis Mitte Döpper.

Die Aufstellung der Nietmaschine hat, wie auch aus der Zeichnung ersichtlich ist, in einer gemauerten Grube so zu erfolgen, daß der Döpper etwa 1·33 m über dem Fußboden der Werkstatt liegt. Hiedurch wird nicht allein an Höhe für den über der Maschine anzubringenden Kran gewonnen, sondern es wird auch, was noch viel wichtiger ist, die Beaufsichtigung der Nietarbeit weit mehr erleichtert, als wenn sich die Arbeiter in einer nicht unbeträchtlichen Höhe befinden. In einzelnen Fällen hat man deshalb selbst kostspielige Erd- und Fundamentierungsarbeiten nicht gescheut, um diese vorteilhaftere Aufstellung zu ermöglichen.

Das Druckwasser wird durch Pumpen in den Akkumulator gefördert, wo es unter dem notwendigen hohen Drucke aufgespeichert wird. Der Akkumulator ist ein Zylinder mit einem

Kolben, der entweder stark belastet ist und sich in dem Zylinder bewegt, oder aber ist die Einrichtung so getroffen, daß der Kolben stillsteht und der Zylinder sich bewegt. Letzteres ist das rationellere, da das ohnedies hohe Gewicht des Zylinders der notwendigen großen Belastung des beweglichen Teiles hier zugute kommt. Oft werden durch Differentialkolbenwirkung die Druckverhältnisse noch gesteigert.

Der Druck im Druckwasser ist gegen Ende jeder Druckwasser verbrauchenden Operation größer als bei Beginn derselben, da sich die in dem fallenden Akkumulatorgewichte vorhandene Bewegungsenergie bei plötzlichem Aufhalten der Fallbewegung in Form einer Druckerhöhung äußert. So ist der Schließdruck gegen Ende der Operation größer, wenn mit bloß einem Akkumulator gearbeitet wird; speisen aber mehrere Akkumulatoren dieselbe Leitung und sind auch mehrere hydraulische Maschinen an eine Leitung angeschlossen, so treten diesbezüglich Unregelmäßigkeiten ein.

Über die auftretenden Druckverhältnisse in Akkumulatoren und hydraulischen Nietmaschinen geben folgende Angaben von H. Fischer[1]) einige Aufklärung. Bei der von ihm beschriebenen Schönbachschen Nietmaschine, deren Konstruktion von der hier beschriebenen nicht sehr verschieden ist, ist die für den Blechschluß wirksame Kolbenfläche 177 qcm, die zum Schließen des Nietes 314 qcm und die das Zurückziehen des Kolbens bewirkende ungefähr 20 qcm. Der größte Kolbenhub beträgt 100 mm. Bei Ruhe des Akkumulatorgewichtes soll der Druck des Wassers 125 kg pro Quadratzentimeter betragen und bei herabsinkendem Gewichte bis 200 Atm. steigen. Daraus berechnet sich die Kraft für den Blechschluß zu zirka 22000 — 35000 kg, für die Bildung des Schließkopfes zu 39000 — 63000 kg und für das Zurückziehen des Kolbens zu 2500—4000 kg, all dies ohne Berücksichtigung der auftretenden Widerstände. Bezieht man diese Ziffern auf den Querschnitt des Nietschaftes (die in Rede stehende Maschine wird für Nieten von 26 mm Durchmesser verwendet), so ergibt sich ein Druck von zirka 7400—11800 kg pro Quadratzentimeter und, auf die Grundfläche des Kopfes bezogen,

---

[1]) Zeitschrift des Vereins deutscher Ingenieure, 1890, S. 107 u. 1329.

wenn dessen Durchmesser etwa das 1·7fache des Schaftdurchmessers beträgt, 2600—4000 kg pro Quadratzentimeter. Diese spezifischen Drücke sind um so größer, je kleiner die geschlossenen Nieten sind.

Wie beim Bohren transportable Bohrmaschinen verwendet werden und zu gewissen Zwecken oft verwendet werden müssen, so ist man auch z. B. im Schiff- und Brückenbau oft genötigt, transportable Nietmaschinen zu verwenden; auch in einzelnen Kesselschmieden haben sich solche Maschinen eingebürgert Bei der einen Kategorie solcher Maschinen ist das Prinzip dem der im vorhergehenden geschilderten stabilen Nietmaschine ähnlich, indem das Wasser direkt auf den die Schließkraft äußernden Stempel wirkt, bei anderen wird der Druck vom Druckzylinder aus durch eine Hebelübersetzung übertragen.

Die pneumatischen Nietmaschinen werden meist beweglich hergestellt und haben als solche ähnliche Form wie die zuletzt genannten hydraulischen transportablen Nietmaschinen. Hier findet man fast ausschließlich Hebelübersetzung, und zwar müssen die Übersetzungsverhältnisse sehr bedeutend sein, weil die gebräuchliche Spannung der Luft verhältnismäßig sehr klein ist; man arbeitet in der Regel mit 6 Atm. Um mit diesem geringen Drucke große Kräfte zu erzielen, müßte man entweder wenn man den Kolben direkt wirken ließe, große Kolbenflächen anwenden, oder man muß, wie man es eben tut, die aus der Wirkung der kleinen Spannung auf kleine Flächen resultierende kleine Kraft durch Hebelübersetzungen vervielfachen.

Fig. 51 zeigt eine solche Kniehebelnietmaschine. Auf dem massiven aus Stahlguß hergestellten Bügel sitzt der Luftzylinder. Der Kolben, dessen Bewegung durch den den Schieber betätigenden Hebel gesteuert wird, wirkt durch die Kolbenstange auf einen Exzenterhebel, wodurch die Schließbewegung des Stempels erfolgt. Solche Maschinen werden in der stattlichen Größe von 3·5 m Ausladung gebaut und sind für Nieten bis zu 40 mm Durchmesser verwendbar. Der Schließdruck, den sie hervorzubringen vermögen, ist 145000 kg; hiezu wird pro Niet ungefähr 0·5 kbm Luft verbraucht.

Die Steuerung ist so konstruiert, daß der Stempel den Weg von seiner äußersten Stellung bis auf den Niet langsam zurücklegt, während welcher Zeit das Einstellen der hängenden Maschine zur Erlangung eines zentral sitzenden Schließkopfes mit Sicherheit erfolgen kann. Das Schließen des Nietes

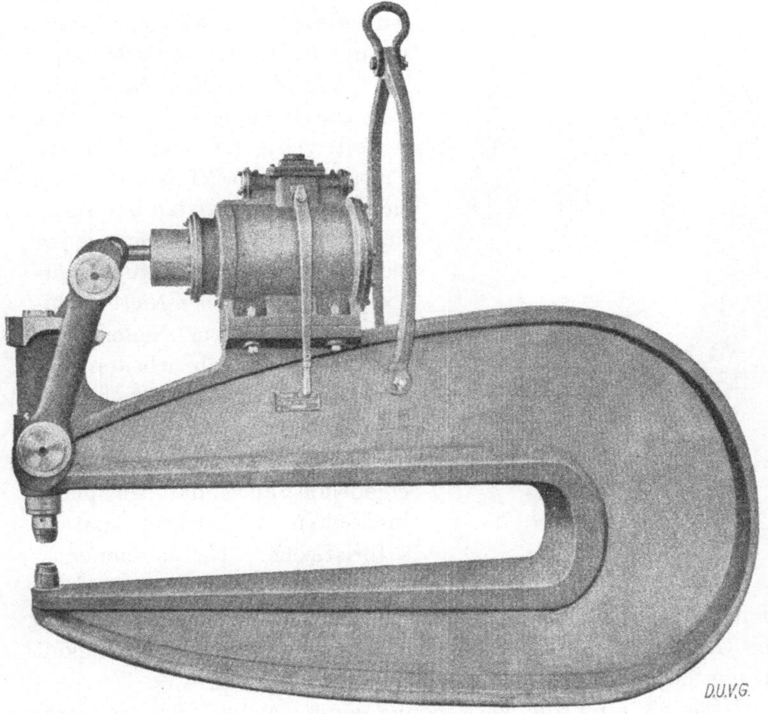

Fig. 51.

erfolgt kräftig und das Zurückgehen des Stempels in seine Anfangsstellung schnell. Die zur Hervorbringung der Rückbewegung verwendete Luft wird wiedergewonnen und wiederverwendet.

Eine andere pneumatische Nietmaschine ist in Fig. 52 dargestellt. Sie unterscheidet sich in ihrer Konstruktion dadurch wesentlich von der erstgenannten, daß statt eines festen Bügels eine scherenartige Kombination von zwei zweiarmigen Hebeln vorhanden ist. Der Druckluftzylinder liegt zwischen den längeren Armen dieser Hebel und ist mit ähnlichen

Steuerungsvorrichtungen versehen, wie die vorgenannte Maschine. Diese Maschine dient speziell zum Nieten von Flammrohren, und zwar insbesondere zum Zusammennieten der einzelnen aufgeflanschten Schüsse; die Ausladung ist, wie man sieht, klein, sie beträgt etwa 240 mm.

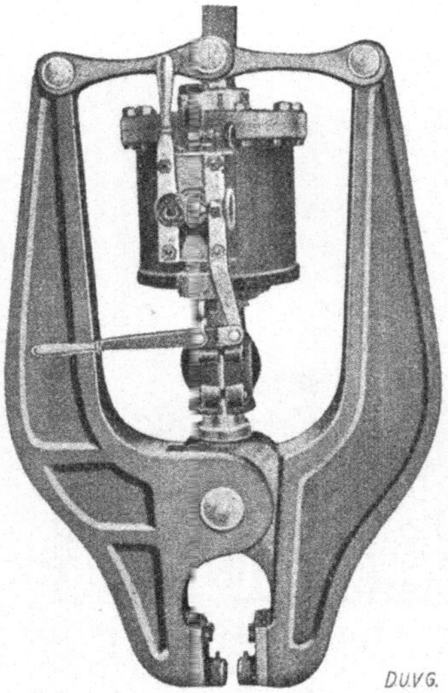

Alle diese Maschinen wirken durch ruhigen Druck; ihre Arbeitsweise ist eigentlich als Pressen zu bezeichnen, da man sich unter dem Nieten ursprünglich eine unter Schlägen vor sich gehende Bearbeitung vorstellt. Es gibt aber Nietmaschinen, welche dem Nieten von Hand aus ähnlich arbeiten, indem sie viele kleine Stöße hintereinander auf den Schließkopf ausüben. Diese Arbeitsweise ist eigentlich auch die den pneumatischen Werkzeugen charakteristische. Nietmaschinen, welche in dieser Art wirken,

D.U.V.G.

Fig. 52.

brauchen keine großen Massen, da die lebendige Kraft durch die Geschwindigkeit der Stempelbewegung und ihre Häufigkeit in der notwendigen Größe zur Geltung kommt.

Fig. 53 zeigt die Verwendung eines solchen Niethammers; man sieht, daß das verhältnismäßig kleine Werkzeug, dem durch einen Schlauch Druckluft zugeführt wird, bloß durch einen Arbeiter gegen den Schließkopf hingehalten wird, während innen der Helfer mittels des Gegenhalters am Setzkopfe gegenhält.

Diese Niethämmer sind nicht so verbreitet wie die Nietmaschinen mit ruhigem Druck; sie sind aber recht brauchbar und wegen ihres geringen Gewichtes im Behälter- und Gasometerbau, in Konstruktionswerkstätten und Schiffswerften beliebt.

Man findet den Niethammer mit dem Gegenhalter auch durch einen Bügel vereinigt, so daß die Form der Nietmaschine gewahrt erscheint: hiebei hat der Bügel kleinere Dimensionen als bei Nietmaschinen mit ruhigem Druck, ist meist bloß aus einem Stahlrohre hergestellt und wiegt in der Ausführung für größere Nieten von etwa 38 mm Durchmesser und für 750 mm Ausladung etwa 95 kg, während eine Nietmaschine

Fig. 53.

mit Druckwirkung für die gleichen Verhältnisse zirka 1500 kg wiegt.

Die Preßluft für die pneumatischen Nietmaschinen wird in kleinen Zentralen in einem Kompressor erzeugt. Auch hier sind also spezielle Einrichtungen, und außer den Maschinen selbst noch Leitungen usw. notwendig. Alle diese Methoden der Nietung sind aber viel ökonomischer als das Nieten von Hand aus, so daß die Handnietung immer mehr und mehr verschwindet.

12. Das Verstemmen.

Mag die durch das Nieten hergestellte Verbindung der Bleche noch so fest und gut ausgeführt sein, ein Dichthalten der Nähte ist dadurch noch keineswegs erzielt. Zwischen den aneinandergepreßten Teilen ist wegen der Unebenheiten der Blechoberfläche

immer noch stellenweise Luft vorhanden. Auf Grund dieser
Anschauung läßt sich ein besseres Dichthalten voraussehen,
wenn die zu dichtenden Flächen ganz rein und blank gemacht
sind. Dies ist denn auch tatsächlich, insbesondere beim Ein-
dichten von Rohren, welche an den Enden gereinigt und
metallisch blank gemacht werden, gebräuchlich. Das vollkommene Dichthalten der Nietnähte wird erst durch das Verstemmen erzielt.

Das Prinzip des Verstemmens beruht darin, daß man
dem äußersten Blechrande des einen Bleches einen festen Andruck an das andere Blech verleiht. Dabei muß die Fläche

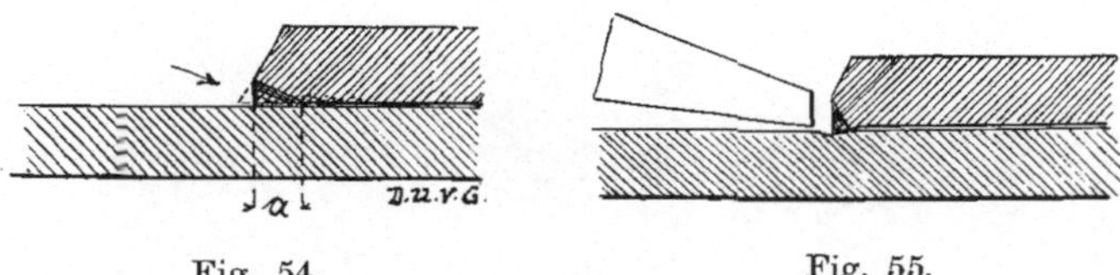

Fig. 54.   Fig. 55.

des Andruckes im Interesse guten Dichthaltens möglichst groß
sein. Fig. 54 zeigt die Erfüllung dieser prinzipiellen Anforderung;
dort liegen die beiden Bleche längs eines Streifens a vollkommen dicht aneinander. Die Breite dieses Streifens ist bei
guter Stemmung 4—5 mm.

Das Verstemmen wird in der Weise ausgeführt, daß in
der Richtung des Pfeiles in Fig. 54 auf den Blechrand unter
Vorhalten eines speziellen Werkzeuges mit dem Hammer daraufgeschlagen wird; der Blechrand staucht sich dann aus der dort
punkiert gezeichneten, ursprünglichen Querschnittsform in die
schließliche Form. Nach der Art der verwendeten Werkzeuge
fällt diese Stauchung sehr verschieden aus, auch kann von
Hand aus und pneumatisch gestemmt werden. Vollkommen
verfehlt ist eine Stemmnaht nach Fig. 55. Erstens ist die
dichthaltende Fläche sehr schmal und zweitens hat das Werkzeug bei dieser Art des Stemmens eine Fuge längs der Blechkante eingekerbt, welche, abgesehen von der Materialschwächung,
auch deshalb bedenkliche Folgen haben kann, da sie unter
ungünstigen Verhältnissen für Abzehrungen aller Art eine An-
griffsstelle bietet. Im Gegensatze hiezu ist in Fig. 56 eine
auf sogenannte amerikanische Art hergestellte Stemmung

skizziert. Das hier verwendete Werkzeug ist an seinem Ende
halbkugelförmig ausgebildet. Mit diesem Werkzeuge wird eine
gleichmäßige Rille am Blechende eingefurcht und so die notwendige Stauchung hervorgerufen;
das Werkzeug kann also hiebei das
untere volle Blech nicht verletzen.
Ein Vergleich zwischen dieser Art
des Verstemmens und der erstgenannten, bei welcher ein mit
Schneiden versehenes Werkzeug benützt wird, ist durch Versuche von

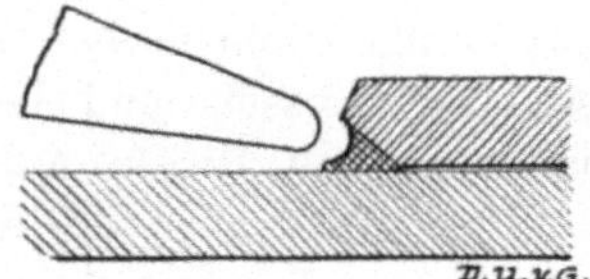

Fig. 56.

Thurston ermöglicht. In seinem Werke „A Manual of Steam-
boilers, their design construction and operation" sagt er:
„Das sogenannte konkave[1]) Verstemmen ist durch die nach-
stehende Figur (Fig. 57) illustriert; dort ist der Unterschied
zwischen der alten und der neuen Art des Verstemmens in
der Wirkung auf das Blech dargestellt. Das Bild zeigt die

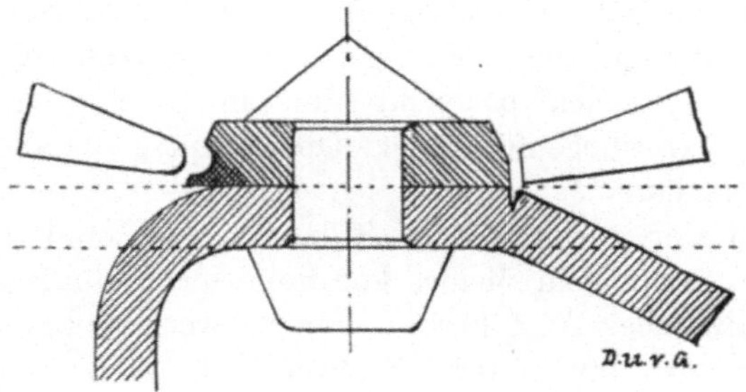

Fig. 57.

Blechplatte, die nach erfolgter Stemmung umgebogen wurde,
um den Grad der Verletzung der Platte feststellen zu können.
Links ist die konkave Stemmung dargestellt, nur ist dort die
Wirkung des Werkzeuges (die Rille) krasser veranschaulicht,
als sie gewöhnlich ist; es entspricht aber das Bild vollkommen den Probestücken, die der Autor besitzt. Am
niedergebogenen Blechstreifen auf der linken Seite ist keinerlei
Beeinflussung desselben durch die Wirkung des Werkzeuges

---

[1]) In Amerika nennt man die bei uns als „amerikanisch" bezeichnete
Stemmung konkave Stemmung oder Stemmung nach „Connery".

zu merken: das Blech ist ganz gesund. In der Darstellung rechts findet man, daß das Werkzeug, wie es gewöhnlich verwendet wird und wie es in der Skizze angedeutet ist, längs des Randes des oberen Blechlappens eine leichte Furche hervorbringt, welche bei den wechselnden Temperaturverhältnissen des Kessels und bei den durch diese hervorgerufenen Spannungen zu Rissen Anlaß geben kann."

Es spricht also sehr viel für die amerikanische Stemmung, welche sich denn auch tatsächlich in den meisten größeren Kesselschmieden eingebürgert hat. Jedenfalls ist ein Meißel mit halbkugelförmiger Bahn in der Hand eines weniger geschulten Stemmarbeiters ein viel weniger gefährliches Werkzeug als ein Meißel mit gerader Bahn; der geübte Arbeiter bringt aber mit letzterem eine ebenso gute und vielleicht noch schöner aussehende Arbeit zustande.

Sehr sauber und schön sieht die amerikanische Verstemmung der Nähte aus, wenn sie mit pneumatischen Maschinen gemacht ist. Die große Zahl der gleichmäßigen Schläge bewirkt ein so kontinuierliches Aneinanderreihen der kleinen Vertiefungen, daß die ausgearbeitete Furche ein glattes und blankes Aussehen bekommt und in gleicher Tiefe mit konstantem, kreisbogenförmigem Querschnitte parallel zum Blechrande verläuft.

Das bei der pneumatischen Stemmung verwendete Werkzeug ist ein mit einem Meißel kombinierter Preßlufthammer, wie er in ähnlicher Ausführung, nur schwerer gebaut, auch zum Nieten verwendet wird. Während ein Niethammer für Nieten von zirka 25 mm zirka 11 kg wiegt, ist das Gewicht eines zur Stemmarbeit ausreichenden Preßlufthammers nicht größer als zirka 5 kg. Fig. 58 zeigt so ein Werkzeug in Verwendung, Fig. 59 einen Querschnitt durch den Hammer. Der Hammer besteht aus einem lose geführten Stempel 2, dessen Hin- und Herbewegung durch die Preßluft veranlaßt wird, welche bald durch in der Zeichnung nicht sichtbare Kanäle hinter der Kolben, bald vor den Kolben in den Zylinder 1 eintritt. Das Steuerungsorgan für die Preßluft ist das Ventil 5; seine Bewegung wird ebenfalls durch die Wirkung der Preßluft unter Vermittlung des Kanales 4 hervorgerufen. Der Zutritt der Preßluft zur Verteilungsstelle bei 5 wird durch ein

Ventil ermöglicht, welches durch Druck an den Hebel 6 geöffnet, bei Loslassen des Hebels durch die Feder 7 geschlossen
wird. Der Stempel 2 stößt mit seiner Nase gegen Ende seiner
Vorwärtsbewegung mit der ganzen lebendigen Kraft seiner

Fig. 58.

durch die Wirkung der Druckluft hervorgerufenen Geschwindig-
keit an den in der Führung 3 steckenden Meißel. Solcher
Bewegungen macht der Stempel in der Minute 2000—3000.
Auf diese Weise ist es erklärlich, daß die Arbeit mit dem

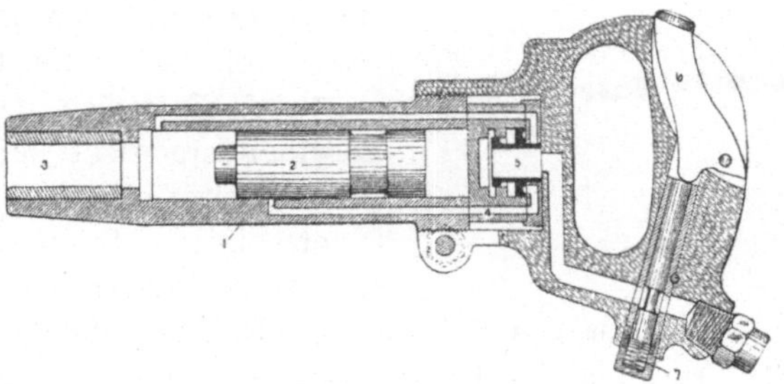

Fig. 59.

pneumatischen Hammer sehr schnell vor sich geht; für den
laufenden Meter braucht man weniger als eine halbe Stunde,
während die Arbeit von Hand aus mehr als eine Stunde pro
Meter erfordert.

Das Stemmen soll mit gleicher Sorgfalt wie an den Nähten
auch rund um die Nietköpfe erfolgen, und zwar werden in
erstklassigen Kesselschmieden Nähte und Nieten innen und
außen verstemmt.

13. Das Einwalzen von Rohren.

An das Verstemmen, als die Arbeit zum Dichten miteinander verbundener Kesselteile, schließt sich sinngemäß das Einwalzen von Rohren an, deshalb soll es hier anhangsweise Erwähnung finden. Auch diese Arbeit soll in erster Linie ein starkes Anpressen des Rohres an die Rohrlochwand hervorbringen und auch hier geschieht dies durch eine Stauchung des Materiales.

Nachdem das Rohr eingezogen ist und mit seinem möglichst reingeputzten Ende in dem blanken Rohrloche sitzt, wird es dort durch Bearbeiten mit der Rollmaschine aufgeweitet. Die Rollmaschine besteht im Prinzipe aus drei Rollwalzen, welche um einen zentralen konischen Dorn herum angeordnet sind. Sie werden an der Stelle, die aufgeweitet werden soll, in das Rohr eingeführt, durch weiteres Eintreiben des Dornes auseinandergerückt und längs des Rohrumfanges gedreht. Nach einigen Drehungen wird der Dorn wieder nachgezogen, so daß ein weiteres Aufweiten des Rohres erfolgt, wodurch der starke Andruck des Rohres an die Lochwand und schließlich eine Einkerbung der Wand in das Fleisch des aufgeweiteten Rohrendes erfolgt, wie es in Fig. 60, allerdings etwas übertrieben, dargestellt ist.

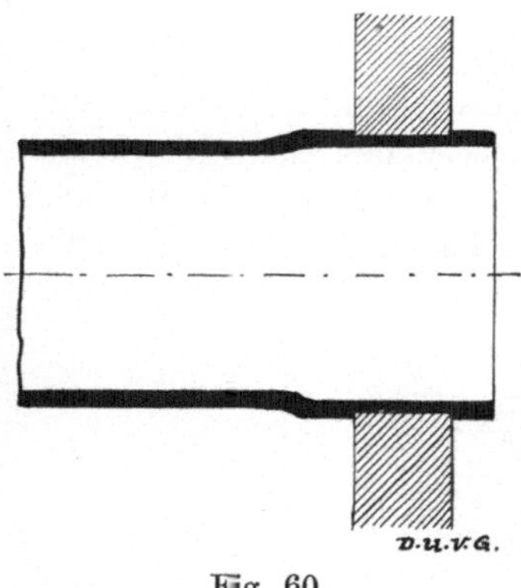

Fig. 60.

Obwohl beim Aufrollen der Rohre, um die hier dargelegten Formveränderungen hervorzubringen, eine große Kraftwirkung des Werkzeuges notwendig ist, welche auch tatsächlich durch die nur schwache Konizität des Dornes, der meist mittels einer Schraube eingetrieben wird, erreicht werden kann, darf diese Arbeit doch nicht roh und gewalttätig ausgeführt werden, denn so wie einerseits ein zu schwaches Aufrollen das Dichthalten unmöglich macht, kann anderseits durch zu kräftigen Andruck

das Blech in der Umgebung der Lochwand in zu weitem Um-
kreise in Mitleidenschaft gezogen werden und bei geringer
Stegbreite zwischen den Rohren die Form der umliegenden
Löcher verändern oder, wenn dort schon Rohre eingezogen
sind, ihr Dichthalten nachteilig beeinflussen. Oft haben sich
schon durch solches gefühlloses Aufrollen eines Rohres mehrere
andere gelockert, wodurch sich schneeballenartig sich ver-
größernde, endlose Kalamitäten ergaben.

Schlußwort.

Im vorhergehenden sind die Herstellungsarbeiten an einem
Kessel beschrieben und in der Mannigfaltigkeit ihrer Aus-
führungsformen kritisch besprochen worden. Nach Ausführung
aller dieser Arbeiten ist der Kessel nahezu fertig. Bei den
verschiedenen besonderen Kesseltypen sind nur noch einige
Arbeiten spezieller Natur sowie Abdichtungen und Anpassungsarbeiten für die Armaturen durchzuführen. Ganz zum Schluß
kommt dann das Anstreichen des Kessels, welches den Zweck
hat, die Bleche für die Zeit des Transportes vor den Einflüssen
der Feuchtigkeit zu schützen. Von Wichtigkeit ist hiebei, daß
die Feuerlinie durch einen deutlichen Strich angezeichnet werde,
damit man sich bei der Einmauerung danach richten könne.

Vor dem Anstreichen des Kessels und nach dem Abdichten
aller Öffnungen wird der Kessel einer Druckprobe unterzogen.
Diese Probe in der Kesselschmiede, welche internen Charakter
trägt, ist von der gesetzlichen Druckprobe im allgemeinen un-
abhängig; die Höhe des Probedruckes bleibt also dem Ermessen
des Erzeugers überlassen. Meist wird der Erzeuger den gesetzlichen Probedruck anwenden, um für die gesetzliche Probe einen
Vorversuch zu machen. Daß aber gerade der gesetzliche Probedruck zur Beurteilung des Kessels nicht unbedingt der richtige
ist, geht schon daraus hervor, daß in verschiedenen Ländern
verschieden hohe Probedrücke in Anwendung stehen. Die Unterschiede zwischen den Probedrücken der verschiedenen Länder
sind aber nicht sehr groß. Im Prinzipe stellt die Erhöhung
des Probedruckes über den Betriebsdruck eine Art von Sicherheitskoeffizienten dar, den bei der kalten Probe zu berück-

sichtigen um so mehr berechtigt ist, als ja die Festigkeitsver-
hältnisse an dem heißen Kessel im allgemeinen ungünstiger
sind als im kalten Zustande der Bleche. Den bei der internen
Probe angewendeten Druck über die Höhe des gesetzlichen
Probedruckes hinaus zu erhöhen, ist aber mindestens über-
flüssig. Man könnte zwar aus der Höhe des Probedruckes auf
den Grad der Sicherheit und aus der Tatsache, daß der Kessel
einem höheren Probedrucke standhält, etwa auf gediegenere
Arbeit schließen wollen, es gilt aber auch für den Kesselschmied,
der auf diese Weise den Nachweis für die Anwendung eines
höheren Sicherheitskoeffizienten beibringen wollte, der Satz,
daß die Größe des Sicherheitskoeffizienten nicht ein Kriterium
ist für die erzielte Sicherheit, sondern nur ein Maß für unsere
Unwissenheit, wie sich Stromeyer ausdrückt.

Es kann deshalb nicht oft genug darauf hingewiesen
werden und mag hier, wo die Beschreibung aller Operationen
des Kesselbaues zu Ende geführt ist, noch ausdrücklich als
letztes Mahnwort wiederholt sein, daß bei aller Kraftaufwendung,
die die Bearbeitung des Eisens erfordert, ein vorsichtiges und
verständiges Maßhalten unbedingt notwendig ist. Jedes Zuviel
zieht mindestens ebenso nachteilige, in ihrer Behebung aber
viel bedenklichere Folgen nach sich als das Zuwenig. Darin
unterscheidet sich eben der tüchtige Kesselschmied vom minder
tüchtigen, daß er bei jeder seiner Arbeiten die Wirkung der
aufgewendeten Energie nach seiner Art genau beurteilt und
selbst bei der größten Kraftentfaltung das Gefühl nicht verliert;
dadurch dokumentiert er auch die für ihn unvermeidliche fach-
liche Ausbildung des Unterscheidungsvermögens über die uns
gewohnten und uns angeborenen Grenzen hinaus, eine Eigenschaft, die erst durch große Übung, durch Verständnis für die
Sache und Liebe für das Handwerk erreicht werden kann.